Shahla Perween
Kaushalendra Kumar

Relações entre energia e proteína na produção avícola nos trópicos

Shahla Perween
Kaushalendra Kumar

Relações entre energia e proteína na produção avícola nos trópicos

ScienciaScripts

Imprint

Any brand names and product names mentioned in this book are subject to trademark, brand or patent protection and are trademarks or registered trademarks of their respective holders. The use of brand names, product names, common names, trade names, product descriptions etc. even without a particular marking in this work is in no way to be construed to mean that such names may be regarded as unrestricted in respect of trademark and brand protection legislation and could thus be used by anyone.

Cover image: www.ingimage.com

This book is a translation from the original published under ISBN 978-620-2-00956-0.

Publisher:
Sciencia Scripts
is a trademark of
Dodo Books Indian Ocean Ltd. and OmniScriptum S.R.L publishing group

120 High Road, East Finchley, London, N2 9ED, United Kingdom
Str. Armeneasca 28/1, office 1, Chisinau MD-2012, Republic of Moldova, Europe
Printed at: see last page
ISBN: 978-620-7-84682-5

ABREVIATURA

Ab	:	Antibody
Ad - lib	:	Ad libitum
AGPT	:	Agar gel precipitation test
ALT	:	Alanine Transaminase
ANOVA	:	Analysis of variance
AOAC	:	Association of Official Analytical Chemist
ARC	:	Agriculture Research Council
BIS	:	Bureau of Indian Standards
B. wt.	:	Body weight
Ca	:	Calcium
C : P	:	Calorie : protein
CP	:	Crude Protein
d.f.	:	Degree of freedom
D P V	:	Days post vaccine
DM	:	Dry matter
DROB	:	Deoiled rice bran
E	:	Energy
e.g.	:	For example
EDTA	:	Ethylene diamine tetra acetate
EE	:	Ether extract
FCR	:	Feed conversion ratio
GDP	:	Gross Domestic Product
HA	:	Haemagglutination
Hb	:	Haemoglobin
HDL	:	High Density Lipoprotein

IBD	:	Infectious bursa disease
IBDV	:	Infectious bursal disease virus
IU	:	International Unit
J	:	Joule
Kcal	:	Kilo calorie
Kg	:	kilogram
Kcal	:	Kilocalorie
Lb	:	Pound
LDL	:	Low density Lipoprotein
ME	:	Metabolisable energy
MT	:	Metric ton
P	:	Protein
PBS	:	Phosphate buffer saline
PCV	:	Packed Cell Volume
PI	:	Performance Index
P	:	Phosphorus
SPSS	:	Statistical Packages for Social science
T	:	Treatment
TG	:	Triacyl glycerol
VLDL	:	Very low density lipoprotein
%	:	Percent

ÍNDICE DE CONTEÚDOS

CAPÍTULO: 1

INTRODUÇÃO

No cenário atual, a agricultura está a ganhar força com o rápido ritmo de desenvolvimento tanto nos países desenvolvidos como nos países em desenvolvimento, especialmente na Índia, onde 67% da população depende da agricultura e dos seus aliados para a sua segurança de subsistência. A indústria avícola na Índia é um subsector da agricultura vibrante, em rápido crescimento e dinâmico. A avicultura promete uma grande margem de manobra para atenuar os desafios da segurança nutricional, da redução da pobreza, da emancipação das mulheres, da criação de emprego, da melhoria do nível de vida, do emprego de mulheres não qualificadas e analfabetas, de agricultores sem terra, de pequenos agricultores, de trabalhadores, etc. A população de aves de capoeira na Índia é de 729,20 milhões (um aumento de 12,39%) e Bihar, com 12,75 milhões, ocupa o 15.º lugar e a percentagem de população de aves de capoeira a nível estatal é de 1,75% (Censo da Pecuária, 2012). Foi referido que o custo da alimentação representa até 60-80% do custo total da produção de frangos de carne.

A dieta tradicional da maioria da população rural é moderada em energia e pobre em proteínas, devido à maior utilização de cereais e ao uso restrito de alimentos caros como o peixe, a carne e os ovos. As fontes de proteínas vegetais utilizadas pelos agregados familiares das aldeias são deficientes em aminoácidos críticos e essenciais como a lisina e a metionina, o que, por sua vez, pode causar desnutrição proteica. A alimentação com dietas deficientes em fontes de proteínas de qualidade, como o ovo de galinha, a carne e outros produtos de origem galinácea, expõe as mulheres grávidas, as mães que amamentam e as crianças em crescimento a muitas doenças comuns. A avicultura de quintal pode ter um bom desempenho nas condições das aldeias para melhorar o estado nutricional e a condição económica das populações rurais pobres. Os ovos e as aves podem ser utilizados a nível doméstico, bem como vendidos a preços mais elevados, mesmo no mercado urbano, onde existe uma procura considerável de ovos e aves produzidos em quintais. A raça de quintal, *Vanaraja,* desenvolvida pela Project Directorate of Poultry (PDP), Hyderabad, está muito bem aclimatada ao clima da aldeia, com bom crescimento e produção moderada de ovos, de acordo com o estudo de desempenho realizado na nossa unidade de investigação, bem como no campo do agricultor. Devido à cor atractiva das suas penas, parecem aves desi, mas o seu crescimento e produção de ovos são muito melhores do que os das raças locais desi. Em particular, estas raças de quintal são resistentes a algumas doenças comuns das aves de capoeira. Uma caraterística desejável, ou seja, o pernil longo introduzido nesta raça, ajuda-as a moverem-se mais rapidamente para escapar aos predadores nas condições de quintal; os pais de Vanaraja são seleccionados para uma maior imunidade geral.

A estirpe Vanaraja de frangos de carne está a ganhar popularidade entre os agricultores de Bihar devido às suas baixas necessidades, mas não existe nenhum estudo sistémico em Bihar sobre esta estirpe para diferentes níveis de energia e proteínas. A estirpe Vanaraja de frangos de carne está a ser introduzida em Bihar para promover a avicultura de quintal entre os agricultores sem terra e marginais. A avicultura de quintal está a ganhar maior importância e aceitação entre a população rural como fonte de rendimento e atividade suplementar de subsistência. O lucro líquido para o agricultor é também mais elevado porque a estirpe Vanaraja de frangos de carne necessita de poucos factores de produção. Os dois componentes essenciais, como as proteínas e a energia, custam cerca de 90% do custo total da alimentação, que deve ser utilizado da forma mais eficiente possível para obter a economia desejada na produção de frangos de carne e na formulação de rações para aves de capoeira. Estas duas necessidades são influenciadas pela idade, estirpe, raça e estação do ano. Trabalhos anteriores indicaram que as necessidades de energia metabolizável dos pintos Vanaraja entre 1 e 42 dias de idade eram muito inferiores às dos pintos comerciais de frangos de carne/camas (Rama Rao et al., 2005). No entanto, não se conhecem as necessidades proteicas e energéticas destas aves durante os mesmos períodos. Assim, tendo em conta este facto, o presente estudo foi realizado para investigar o efeito de diferentes níveis de fontes de proteína e energia em pintos Vanaraja durante 1 a 56 dias de idade, com o seguinte objetivo

(i)   Estudar o efeito da alimentação com diferentes níveis dietéticos de energia e proteína no desempenho do crescimento e na eficiência alimentar de frangos de carne da estirpe Vanaraja.

(ii)   Estudar as características da carcaça de frangos de carne alimentados com diferentes níveis de proteína e energia.

(iii)   Estudar o estado imunitário dos frangos de carne alimentados com diferentes níveis de proteína e energia.

(iv)   Estudar o efeito da alimentação com diferentes níveis de energia e proteína na hematologia e no perfil lipídico no sangue de frangos de carne Vanaraja.

(v)   Estudar o efeito da alimentação com diferentes níveis de energia e proteína na economia da produção de frangos de carne.

CAPÍTULO: 2

REVISÃO DA LITERATURA

A posição da oferta de carne de aves de capoeira e de ovos registou um aumento relativo nos últimos anos. Prevê-se que a maior parte do aumento da procura de produtos animais no futuro tenha de ser satisfeita por um aumento da oferta de aves de capoeira. Atualmente, o principal contribuinte para a carne de aves de capoeira são os frangos de carne. O *Vanaraja*, um frango de dupla finalidade desenvolvido na Direção de Projectos de Aves de Capoeira (PDP), Hyderabad, pode crescer bem em condições de quintal/exploração livre com poucos factores de produção. A avicultura de quintal está a ganhar maior importância e aceitação entre a população rural como fonte de geração de rendimentos e atividade suplementar de subsistência entre os agricultores sem terra e marginais.

A partir dos vários estudos efectuados no nosso país, observou-se que a alimentação constituía a maior componente da produção avícola. Como indicado por Parthasarthy (1996), a segunda maior rubrica de custos dos frangos de carne era o pinto, que representava cerca de 25 a 30%, embora estas abordagens fossem benéficas para as frangas, mas o desempenho da estirpe *Vanaraja* de frangos de carne em crescimento é diferente e necessita de poucos factores de produção. Uma vez que não existem recomendações normalizadas definidas e separadas para as necessidades de crescimento da estirpe *Vanaraja* de frangos de carne, apenas alguns trabalhos foram relatados na literatura com base em experiências individuais. As informações limitadas disponíveis indicam que a taxa de crescimento e a eficiência alimentar poderiam ser melhoradas através do fornecimento de um nível mais baixo de nutrientes às rações existentes habitualmente dadas aos frangos de carne.

O assunto será analisado na rubrica seguinte.

A. Necessidades de energia e de proteínas e respectiva relação para um desempenho ótimo.
B. Efeito nutricional no rendimento da carcaça
C. Diversos

As necessidades de energia e de proteínas podem ser expressas como unidades absolutas independentes das dietas ou como as necessidades de energia disponível na dieta, tendo as proteínas como função (rácio EM:PC), sendo esta última opinião válida. O conceito de alimentar os frangos de carne com dietas de elevada energia tem origem nos relatórios de Scott *et al.* (1947). Estes demonstraram que tanto a taxa de crescimento como a eficiência alimentar eram melhoradas através da alimentação com dietas de elevada digestibilidade e concentração energética. Sunde (1956) verificou que a taxa de crescimento e a eficiência alimentar eram deprimidas com um rácio baixo de energia e elevado de proteínas, o que podia ser melhorado através do aumento da energia dessa dieta. Hill & Dansky (1954) verificaram que, numa vasta gama de concentrações energéticas da dieta, as galinhas tendiam a comer para satisfazer as suas necessidades energéticas. Com uma concentração energética muito baixa, a galinha pode não satisfazer as suas necessidades energéticas e, com uma concentração energética elevada, consome mais alimentos do que os necessários para o seu crescimento máximo e o excesso pode ser depositado sob a forma de gordura (Donaldson, 1955). No entanto, um excesso de energia de produção em relação à quantidade de proteínas da dieta deprime o crescimento e diminui a eficiência da utilização da ração. Sibbald (1962) referiu que, à medida que o consumo de EM aumenta, o ganho de peso das aves aumenta com o consumo de proteínas. Contrariamente a estas conclusões, Spring *e* Wilkingson (1957) alimentaram as aves com 22, 25 e 28% de uma dieta com 1200, 1350 e 1550 kcal de EM/lb e observaram que, à medida que a energia da dieta aumentava, havia um efeito no ganho, enquanto o aumento do nível de proteínas não tinha qualquer efeito no ganho. Fisher e Wilson (1974) mostraram que a EM/kg de frangos de carne apresenta uma resposta linear no ganho de peso, no consumo de ração, na eficiência da conversão alimentar e no consumo de energia.

Farrel *et al.* (1973) alimentaram frangos de carne com dietas ricas em energia, com uma concentração de EM que variava entre 2,3 e 3,36 M cal/kg de dieta. As aves que receberam uma dieta com uma concentração energética média (3,1 M cal/kg) necessitaram de um pouco menos de EM do que as que receberam outra dieta e atingiram o peso vivo necessário mais cedo. Concluem que o consumo de ração está inversamente relacionado com a concentração de energia, mas a EM necessária para atingir um determinado peso vivo é bastante semelhante. Moran(1971) descobriu que 1400 kcal EM/lb deu melhores resultados em termos de crescimento, utilização da ração do que o rácio com 1200 e 1000 kcal/lb.

Virk *et al.*(1976) avaliaram as necessidades energéticas a um nível constante de proteínas (22%) com EM variando de 2300 a 3800 kcal EM/kg. Os seus resultados indicaram uma necessidade de 2900 kcal EM/kg de dieta no verão e 3200 kcal. EM/kg no inverno e o aumento da EM para além deste nível deu origem a um menor ganho de peso corporal. A explicação para este ponto de vista foi dada pelo facto de o desempenho das galinhas ser melhor com um nível de energia mais baixo na dieta nos trópicos, devido à temperatura ambiente elevada, o que provavelmente exige uma menor necessidade de energia para manter o metabolismo basal. As galinhas dependem principalmente das proteínas para a construção dos tecidos. As fontes de proteína e o seu conteúdo energético na dieta são considerações importantes para determinar a percentagem exacta necessária. Existem relatórios que indicam que um nível mais elevado de proteínas é vantajoso e, inversamente, que se pode obter um desempenho satisfatório com níveis mais baixos de proteínas. É desejável relacionar o nível de proteína com a energia da ração, caso se pretenda assegurar a adequação proteica. De acordo com Spring e Wilkinson (1957), o aumento do nível dietético de 22% para 28% não teve qualquer efeito sobre o ganho, por outro lado, Sibbald et al. (1962) registaram um aumento do ganho de peso das aves com o aumento do consumo de proteínas, o que pode dever-se a um padrão proteico calórico diferente. Existem relatos de que a eficiência da utilização de proteínas melhorou a um nível constante de energia à medida que o teor de proteínas da dieta diminuía. Han (1970) observou um melhor ganho de peso quando 21% de proteínas foram fornecidas em dietas de arranque do que 19% de proteínas na dieta de acabamento. De acordo com Wisman e Beane (1966), o aumento do nível de proteínas melhorou a eficiência alimentar, mas provocou uma diminuição da utilização de proteínas com base no peso corporal.

A partir de experiências realizadas por vários cientistas, observou-se que as necessidades de proteínas das aves de capoeira aumentam à medida que aumenta o teor energético da dieta e que as necessidades já não podem ser expressas em percentagem de carne, mas sim em rácio energético-proteico. As aves com um baixo rácio energético consomem mais alimentos para satisfazer as suas necessidades energéticas e, por conseguinte, consomem também mais proteínas, que são utilizadas para fins energéticos em vez de serem efetivamente depositadas no organismo. Devido ao desequilíbrio dos alimentos com uma relação energia/proteínas demasiado elevada, a taxa de crescimento é afetada. É, por conseguinte, muito importante equilibrar a relação energia/proteínas na formulação da ração para aves de capoeira de modo a obter a máxima produção com menos desperdício. É geralmente aceite agora que, para cada tipo de ave em cada etapa ou fase de produção, existe uma relação C:P dietética óptima. O trabalho de Hill e Densky (1954) ilustrou que a necessidade de exprimir as exigências de nutrientes (incluindo as de proteínas) é largamente determinada pela concentração de energia.

Os estudos também indicaram que, à medida que a concentração da ração aumentava, a percentagem de proteínas necessária para a eficiência alimentar do crescimento também aumentava. Reddy *et al.* (1972) utilizaram vários níveis de proteínas na dieta, variando de 19 a 22%, com um rácio C:P constante de 132Kcal ME/ kg, e concluíram que um nível de 20% de proteínas era adequado para pintos de arranque do tipo poedeira. Malik et al. (1966) efectuaram uma investigação em condições tropicais para estudar os diferentes níveis de energia e dois níveis de proteína (20,5 e 24,5%) em galinhas de pernilongo branco. Um rácio de EM e P de 130 a um nível de 24,5% foi considerado ótimo quando se tomou em consideração a taxa de crescimento e a eficiência alimentar.

Sadagopan *et al.* (1971) observaram que a resposta de crescimento de pintos de arranque do tipo poedeira foi melhorada à medida que o nível de proteína foi aumentado de 19 para 21%, enquanto o nível de 21% de proteína dietética a 2717 Kcal ME/kg com um rácio 1:123 deu o peso máximo. Aumentar o rácio para além deste nível de proteína mostrou um ligeiro efeito depressivo no crescimento às 8 semanas.

A informação é sobre as necessidades exactas de proteínas e energia. Não existem recomendações normalizadas relativas às necessidades de proteína e de EM da dieta destas aves para uma produção de carne rentável, uma vez que não foram efectuados muitos trabalhos com pintos do tipo ovo. A energia e a proteína necessárias para os pintos do tipo ovo (0-6 semanas) devem ser de 2900 kcal EM/kg e 20% PC, respetivamente, como recomendado pelo NRC (1971), ISI (1968) e Panda (1972), que recomendaram 20% de proteína na ração dos pintos. O rácio C:P ótimo variava entre 138 e 145,2:1 para os pintos, como recomendado por Malik (1966). Uma dieta rica em energia e em proteínas teve um efeito positivo na taxa de crescimento e na eficiência alimentar Sibbald *et al.* (1961) O' Niel *et al.* (1962) observaram que o excesso de proteínas em relação à energia não afectou negativamente a taxa de crescimento nem a eficiência alimentar, mas resultou em desperdício de proteínas Haque e Agarwal (1975) utilizaram diferentes rácios energia-proteína (171.8 :1, 137.5 : 1, 128.2 : 1 e 114.4:1) em 4 níveis de proteína (16, 20, 22, 24%) durante 8 semanas em pintos de tipo ovo para determinar o rácio ótimo de energia e proteína. Obtiveram um maior ganho de peso corporal com uma ração contendo 23% de proteína com um rácio de energia e proteína

1.2. 2. Não observaram diferenças significativas no consumo de ração, mas melhoraram a eficiência alimentar com o aumento do nível de proteínas e a diminuição do rácio de energia e proteínas da ração. Sheriff *et al.*(1981) estudaram o efeito da alimentação com diferentes níveis de proteína bruta e EM no desempenho e na economia de pintos machos de pernilongo branco. Formularam dietas que continham 20% de proteínas brutas com 2400, 2500 e 2700 EM/kg de ração e 23% e 26% de proteínas brutas com 2400 e 2500 EM/kg de ração durante um período de 0-10 semanas de idade. As aves criadas com 27% de PC e 2470 Kcal/kg tiveram o maior ganho de peso corporal e a melhor eficiência alimentar. Concluíram dos seus resultados que as aves criadas com 21% a 24% de PC e 2400 a 2500 Kcal EM/kg às 10 semanas de idade eram económicas. Sugeriram também que a dieta com elevada proteína e baixa energia (28% PC com 2470 ME/kg) pode ser administrada quando o custo prevalecente do suplemento proteico for mais baixo.

Okosum (1987) recomendou 21% CP 2700 Kcal ME/kg para o galo em crescimento nos trópicos. Bomgbose (1999) aprovou a recomendação dada por Okosum (1987), alimentando os galos com uma dieta com 21% e 2700 Kcal EM/kg, substituindo a farinha de carne por farinha de larvas.

Sudhakar *et al.* (1988) estudaram a economia comparativa na produção de frangos de corte e galos W.L. alimentados com dois C.P. diferentes (20 e 22) e dois níveis de energia (2700 e 2900 Kcal ME/kg) até à 8ª semana de frangos de corte até à 12ª semana de galos. Os seus resultados indicam que os frangos de carne machos ganharam 108% mais do que os galos W.L. e também consumiram 40% mais do que os galos. Recomendaram que uma proteína dietética de 22% com 2900 Kcal ME/kg era necessária para um desempenho ótimo tanto para frangos como para galos. Verificaram ainda que o custo variável aumentava com a idade nos frangos de carne e que o custo fixo diminuía com a idade. No entanto, a idade não influenciou os custos variáveis e fixos dos galos.

Eruvbetine *et al.* (1996), ao incluírem a mandioca como fonte de energia na dieta dos galos, verificaram que os galos alimentados com uma dieta com 19% de C.P. obtiveram um peso corporal de cerca de 575g às 6 semanas e 1170g às 12 semanas com uma eficiência alimentar de 2,77 e 4,43 respetivamente. Butala e Rajagopal (1991) formularam uma dieta para galos à base de farelo de arroz cozido com níveis graduais de sebo com um teor proteico de cerca de 25% e energia de 2600 a 2900 Kcal ME / kg, obtendo o ganho máximo de peso vivo (902) g às 12 semanas de idade com um rácio de eficiência alimentar de cerca de 3,5:1.

Morris e Njuru (1990) compararam as respostas de pintos machos de frangos de carne e de pintos machos de uma população de poedeiras a diferentes dietas contendo diferentes níveis de proteínas, variando de 16,0 a 25% e com um teor de EM de 13,0MJ/ kg. Concluíram da experiência que os pintos machos de poedeiras precisavam de pelo menos 18,8% de proteínas brutas para maximizar o seu ganho de peso vivo. A eficiência máxima de conversão de alimentos em peso vivo foi alcançada com uma dieta contendo 23% de proteína bruta. Verificou-se que a eficiência da utilização de proteínas era a mesma tanto nos pintos de carne machos como nos pintos machos da estirpe das poedeiras.

Vala *et* al. (1996) alimentaram com rações contendo 20% de proteínas brutas e 2700 Kcal de EM /kg pintos machos de um dia de idade da estirpe poedeira durante um período de 7 semanas. Durante esse período, o galo obteve um ganho de peso corporal de 680 g com uma eficiência alimentar de 1:30 e o ganho médio por semana foi de 97,09 gramas. Os autores defendem que os galos que são considerados improdutivos nas incubadoras comerciais podem ser tornados produtivos e valiosos pelos criadores de aves.

Elangovan *et al.* (1996) efectuaram um estudo de equilíbrio para avaliar a resposta de pintos com 9 semanas de idade de três genótipos, nomeadamente uma estirpe de alta postura da WLH e as raças autóctones Ascel e Kadaknath, à utilização de nutrientes de alta ou baixa densidade nutricional (20% PC e 11,71 MJ
ME /kg e 15% CP e 10,00 MJ ME /kg). O consumo médio diário de ração em ambos os tipos de dieta não diferiu, mas obteve-se um maior ganho de peso corporal e um maior rácio de conservação da ração com a dieta com maior densidade nutricional.

Gheisari e Gollian (1996) utilizaram níveis variados de energia e de proteínas na dieta durante o período de criação de pintos de linhagem poedeira, com níveis de energia de 2900, 2700 e 2500 Kcal EM/kg e três níveis de proteínas (80%, 100% e 120% da recomendação do NRC).

Pathak e Netke (1996) estudaram o efeito do milho em relação ao sorgo na utilização da EM em pintos machos WLH e em frangos de carne num período de 7 a 21 e de 21 a 42 dias de idade. O tipo de dieta não influenciou o desempenho dos pintos WLH e estes pintos tendem a desviar menos quantidade de energia excedente da deposição de gordura do que os frangos de carne. Isto é uma vantagem para os consumidores preocupados com a saúde que preferem menos gordura na carne de aves de capoeira.

Ulmek *et al.* (1996) estudaram o desempenho de crescimento de pintos de linhagem com ração inicial para frangos de carne e ração final para frangos de corte, tendo obtido um peso corporal médio de 1026 g às 10 semanas de idade, com um rácio global de conservação de alimentos de 1:3,69.

Fan e ye (1997), num estudo sobre a curva de crescimento e o lucro máximo de galos do tipo ovo, obtiveram o peso corporal de galos em crescimento de cerca de 750 g na 9ª semana de idade com uma dieta que forneceu 11,0 MJ ME / kg e 18,5% de proteína bruta desde o dia de idade até à 6ª semana de idade e a partir da 6ª semana com uma dieta contendo 11,55 MJ ME / kg de ME e 16,0% de proteína bruta. Também indicaram que permitir que um grande número de galos excedentários em crescimento pudesse ser rentabilizado através do equacionamento da curva de crescimento, do custo de alimentação e do preço de mercado dos galos poedeiros.

Assim, é aconselhável prestar mais atenção ao galo, que é atualmente considerado improdutivo pelos avicultores, e conceber a forma de melhorar a sua taxa de crescimento, a fim de atingir um peso comercializável no mais curto espaço de tempo possível, o que tornará este lote rejeitado rentável.

B.	Efeitos nutricionais no rendimento e na qualidade da carcaça

O aumento progressivo da procura de frangos de tamanho e composição uniformes estimulou a formulação de rações para obter pesos e composição corporal específicos aquando da comercialização. As tendências são no sentido de produzir frangos com menos gordura corporal e mais carne magra, uma vez que o excesso de gordura corporal pode constituir um problema de gestão de resíduos. Assim, tornou-se cada vez mais importante ter em conta não só o ganho de peso e a eficiência alimentar dos frangos de carne, mas também a composição da sua carcaça. Podem conseguir-se mudanças significativas na composição corporal alterando os níveis de proteínas e de energia da ração (Donaldson, et al., 1956). Dansky e Hill (1952) indicaram que as aves alimentadas com uma ração de elevada energia depositavam mais gordura na carcaça do que as aves alimentadas com uma ração de energia moderada. medida que o teor de proteínas e de energia era reduzido, as carcaças tornavam-se progressivamente mais pobres em carne e em acabamento. Numa experiência anterior (Donaldson, et al. 1955) observaram que a proporção de pE e de proteína bruta na ração influenciava a percentagem de água e de extrato etéreo na carcaça. Quando a ração variando de 35,7 a 48,6 calorias pE /1b para cada percentagem de proteína bruta foi dada a pintos até semanas o conteúdo de humidade da carcaça variou de 70,6- 67,2% e o éter de 5,6 - 9,4% apesar de não haver aumento na taxa de crescimento. Por outras palavras, a qualidade da carcaça pode ser influenciada na ausência de alteração do ganho. Leong et al. (1955) verificaram um aumento do peso da gordura visceral de depósito em frangos de carne à medida que o teor energético da dieta era aumentado. Harms (1955) observou que as aves que recebiam uma dieta com 6,3 % de gordura amarela estabilizada tinham uma maior deposição de gordura abdominal do que as aves que não recebiam gordura suplementar. Numa experiência posterior, Harms et al. (1957) verificaram que, à medida que o nível de energia da dieta aumentava de 793 Kcal para 978 Kcal pE/IB de ração, se obtinha um aumento significativo da percentagem de rendimento eviscerado. Além disso, observaram que as aves que recebiam dietas com elevado nível de energia tinham uma maior percentagem de gotas e reduziam significativamente as perdas na cozedura devido à evaporação. Hill, et al. (1956) referiram que a composição corporal era influenciada pela alteração da relação calorias/proteínas, principalmente através do seu efeito sobre o apetite. Rand, et at (1957) demonstraram, com dietas que variavam em teor de proteínas, gorduras e energia, que o aumento do consumo de proteínas reduzia a percentagem de gordura na carcaça. Verificou-se que a quantidade de gordura na carcaça estava inversamente correlacionada com o rácio proteína: energia. Spring e Wilkinson (1957) mostraram que o aumento da proteína da dieta de 22 para 28% não teve efcitos sobre o ganho, mas o aumento da energia da dieta de 1200 para 1500 Cal/lb diminuiu a proteína e a água do corpo e aumentou a gordura do corpo às 2 semanas e às 8 semanas de idade, respetivamente.

Hizikura e Morimoto (1962) referiram que uma dieta pobre em energia e rica em proteínas reduzia a percentagem de carcaça. No entanto, Summers *e outros* (1963) registaram uma carcaça mais magra se o nível de energia fosse mantido constante e o nível de proteínas aumentado. Observaram ainda que a proteína da carcaça aumentava e diminuía de forma linear com o aumento dos níveis de proteína da dieta (Summers, *et al.* (1965). Inversamente, o aumento dos níveis de energia da dieta resultou numa diminuição da proteína da carcaça e num aumento da gordura da carcaça. Com dietas práticas, pouco ou nenhum melhoramento no ganho de peso foi obtido com o aumento do nível problemático para além de 20%, mas foram registadas alterações acentuadas na composição da carcaça.

Combs, (1961) relatou que com o aumento da relação C:P (M/p) de 35-49 não houve efeitos sobre a taxa de ganho, embora 68% mais gordura tenha sido depositada na carcaça de pintos alimentados com dietas de baixa proteína em comparação com dietas de alta proteína. A correlação positiva entre o rácio C:P (rácio largo) e o teor de gordura corporal sugere que, com um baixo nível de proteínas, o pinto pode aumentar a sua ingestão de energia para consumir uma quantidade limitada de proteínas e é de certa forma influenciado pela fonte de energia na ração. Mas quando o stress da deficiência proteica não podia ser compensado pelo aumento do consumo de ração, observou-se uma diferença na taxa de crescimento.

Essary , *et al.* (1965) formularam rações para dar um rácio C : P (ME/lb CP) que variava entre 35,7 - 50,1 e deram-nas a frangos de carne. Os rendimentos de evisceração a quente não foram afectados de forma apreciável pelos diferentes níveis de proteína e gordura na dieta. As aves alimentadas com rações que continham níveis elevados de gorduras em relação ao nível de proteínas (rácio largo e níveis elevados de PE) depositaram significativamente mais gordura, ao passo que as rações que continham um baixo nível de gordura em relação à percentagem de proteínas (rácio C : P de 35,7 - 42,8) não resultaram numa diferença significativa na deposição de gordura. Assim, parece que o nível de gordura e proteína na dieta influenciou uma maior percentagem do peso das aves vivas alimentadas com a ração de alta energia do que as alimentadas com a ração de baixa energia. O consumo voluntário de energia aumentou em relação às necessidades energéticas à medida que o nível de proteína foi reduzido. Isto foi conseguido através do aumento progressivo da percentagem de proteína e água no corpo (Combs, *et al.,* 1964).

Han,(1970) observou que na carcaça de frangos com 6 semanas de idade o teor de proteínas aumentava com o aumento das proteínas da dieta, mas não havia diferença às 12 semanas. O teor de gordura da carcaça reflectia diretamente o valor energético da dieta. Gooch, *et al.* (1972) observaram que uma ração de menor custo formulada por computador com uma concentração de nutrientes progressivamente mais baixa produzia carcaças de frangos de carne com um grau de carnação e de acabamento pobres. Kiclanowski,(1972) indicou que, nas aves de crescimento mais rápido, o rácio massa magra/proteínas nos ganhos de peso diminuía a um ritmo mais rápido do que nas aves de crescimento lento e que apenas a deposição de proteínas, mas também a deposição de gordura, era maior nas aves alimentadas com um nível mais elevado. Prasad,(1976) não encontrou nenhuma diferença significativa na percentagem de cobertura e na composição da carcaça quando a relação EM: proteína foi reduzida de 134 para 122 a 23 % de proteína e de 153 para 144 a 23 % de proteína para as rações de arranque e de acabamento, respetivamente.

Moran, (1980) salientou que, em circunstâncias normais, a proteína tornou-se marginal em relação à energia dietética e uma simples redução da proteína dietética na ração de acabamento para o frango de corte afecta tanto a produção como a perda de qualidade. No entanto, a proteína acima das necessidades não beneficia o desempenho nem altera a qualidade da carcaça de uma forma significativa para o consumidor. Uma quantidade inadequada de proteína aumenta o acabamento porque são consumidas calorias em excesso das necessidades. Combs, *et al.* (1964) sugeriram que as aves "consumiriam em excesso" dietas pobres em proteínas e ricas em energia, resultando assim num aumento da gordura corporal. 33 Numa situação semelhante, Lipstein, et al. (1975) demonstraram que os níveis marginais da dieta para frangos de carne causavam um consumo excessivo de alimentos que eles acreditavam ser um esforço para satisfazer as necessidades. (Levielle, *et al* 1975). Assim, parece que a percentagem de gordura corporal diminui à medida que o rácio calorias/proteínas diminui. No entanto, o mecanismo através do qual isto ocorre e a magnitude do efeito podem depender do facto de o rácio calorias/proteínas ser alertado através de alterações na concentração de energia alimentar, de proteínas alimentares ou de uma combinação dos dois.

A redução da concentração de energia-proteína (5% e 10% do normal) na ração para frangos de corte levou a ganhos reduzidos, embora a disponibilidade de aminoácidos, o equilíbrio e a relação com a caloria ME tenham sido mantidos constantes (Moran, 1980). Simultaneamente, a percentagem de carcaça refrigerada em relação ao peso vivo não diminuiu, mas aumentou quando a alteração da ração foi moderada (3200 Kcal para 2875 Kcal/kg, ou seja, uma redução de 5%). A não obtenção de uma melhoria adicional do rendimento através de uma modificação mais extensa da dieta (de 3035 para 2875 Kcal/kg, ou seja, 10% de redução) deveu-se ao desenvolvimento estimulado do sistema gastrointestinal. Robbins, (1981) obteve um aumento do teor de gordura corporal dos frangos de carne machos quando a proteína bruta da dieta foi aumentada em proporção direta com a energia da dieta (relação C : P constante) ou quando a energia da dieta foi aumentada em dietas iso azotadas (relação C : P variável) Haskanson, (1978) demonstrou que uma ração de 2500 Kcal EM/ kg para frangos de carne promoveu um intestino grosso, moela e fígado com menos gordura abdominal eviscerada3d do que se fosse dada uma ração de 3000 Kcal/kg.

Janky, *et al.*(1976) demonstraram que a redução da energia da dieta com frango em caldeira diminui o rendimento aquando da transformação. No entanto, Pejon *et al.* (1980) referiram o contrário. O peito e a coxa são as únicas partes que são sensivelmente afectadas pelo padrão de crescimento durante o período de acabamento. Halvorson e Jacobson (1970) observaram que o aumento líquido da carne dos frangos de carne entre as 5 e as 8 semanas de idade era em grande parte consequência do crescimento do músculo do peito. Dawson, *et at.* (1957) estudaram a relação entre a pontuação do tipo de carne e a percentagem de carne comestível em frangos de carne. O rendimento médio de carne comestível variou entre 47,51 e 51,05% de perdas por cozedura entre 22,72 e 24,54% de ossos entre 21,16 e 23,85% em termos de peso pronto a cozinhar. Os seus resultados também indicaram que um quilo de carne pronta a cozinhar poderia render aproximadamente 50% de carne comestível, 22% de osso, 23% de perda, devido à cozedura e 5% de perda devido à separação.

A composição química dos músculos da coxa e do peito estimada por Raina (1974) indicou que, com um aumento da energia da dieta, se verificava um aumento do teor de extrato etéreo e uma diminuição do teor de humidade. Sheriff *et al* (1993) efectuaram uma experiência em pintos machos de 0-10 semanas com 7 níveis diferentes de proteína e energia na dieta sobre o desempenho e o rendimento pronto a cozinhar. Os seus resultados não revelaram diferenças significativas no rendimento pronto a cozinhar com miudezas, nem entre tratamentos nem entre idades, e o valor obtido para este parâmetro variou entre 70,21 e 71,51 % às 8th semanas e 69,7 e 72,89 às 10th de idade. Numa experiência posterior, Sheriff *et al.* (1983), ao estudarem os efeitos do nível de proteínas e de energia da dieta em frangos machos da raça White Leghorn, verificaram uma diminuição da percentagem de gordura à medida que o nível de energia da ração aumentava, ao passo que o aumento do nível de proteínas da dieta resultava num teor mais elevado de proteínas na carcaça, com uma redução proporcional da percentagem de gordura.

Mahapatra *et al.* (1984) estudaram as características da carcaça e a disponibilidade de carne sob dois regimes alimentares (927,7% e 2800 Kcal EM/kg e 24,4% de proteínas e 3000 Kcal EM/kg) até às 8 semanas de idade. A dieta não influenciou o peso eviscerado antes do abate, o peso das miudezas e o rendimento total. A percentagem de humidade, proteína, extrato etéreo e teor de cinzas da carcaça inteira variou de 73,27 a 75,08, 19,05 a 19,72 a 2,99 a 4,88 e 0,94 a 1,21, respetivamente, não sendo significativamente diferentes entre as dietas.

Toyormizu, M.*et al.* (1984) estudaram as respostas da energia metabolizável no ganho de proteínas corporais em pintos machos de pernilongo branco e referiram que o ganho de proteínas corporais não era muito afetado pela relação calórica entre os hidratos de carbono e a gordura da dieta.

Butala *et al.* (1990) incorporaram diferentes níveis de sebo nas rações de pintos machos W.L.H. para estudar as características da carcaça e a qualidade da carne durante um período de 12 semanas. Os resultados não revelaram diferenças significativas nas características de abate, bem como na composição da carcaça. Obtiveram um rácio médio carne-osso de 12 : 1.

Holsheimer e Veerkamp (1991) estudaram os efeitos da proteína e da energia da dieta sobre o desempenho e o rendimento de duas estirpes de pintos de carne machos. O nível de energia e de proteína da dieta afectou as características de abate e o rendimento da carcaça, sendo que um nível de energia mais elevado proporcionou um rendimento de carcaça elevado, enquanto a PC normal proporcionou o melhor rendimento global.

Butala e Rajagopal (1991) prepararam uma dieta contendo níveis graduais de sebo (0,2,4 e 6%) com farelo de arroz cozido como ingrediente durante 12 semanas em pintos WLH. Observou-se que a proteína da carcaça diminuiu significativamente e a gordura da carcaça aumentou significativamente com a inclusão de 6% de sebo na dieta, com 3280 kcal EM/ kg do que com outros níveis de EM (2290 kcal EM/kg a 2840 kcal EM/kg).

Nagra e sethi (1993) utilizaram níveis de proteína de 20, 22 e 24% com 2500, 2700 e 2900 Kcal EM/kg na ração de frangos de carne, a fim de determinar as necessidades de energia e proteína. A deposição de gordura abdominal, o rácio carne/osso e a percentagem de cobertura aumentaram significativamente com cada aumento do teor de energia, enquanto não se registou qualquer efeito significativo do nível de proteínas nestes parâmetros.

Bamgbose (1999) investigou o efeito da alimentação de pintos de galo com farinha de larvas com ou sem metionina numa ração contendo 21% C P e 2700 Kcal ME/kg durante um período de 8th semanas. Os resultados mostraram uma ligeira variação na % de molho (65,35 a 71,03%) e na relação carne/osso (1,85 a 2,01) entre os tratamentos.

C. Diversos :

Tendo em conta a escassez de disponibilidade de pintos de carne, a criação de frangos de carne está a ganhar importância. Vários trabalhadores estudaram a economia da produção de frangos de carne [Heady et al (1961)], Kothandraman e Narari (1982) e Singh et al (1987). No entanto, os estudos sobre a economia da produção de galos são escassos.

Sheriff *et al* (1983) calcularam a economia da criação de pintos machos de pernilongo branco com diferentes níveis de energia e proteína na dieta, com 20% de proteína bruta com 2400, 2550, 2700 kcal ME/kg de ração e 22 e 26% de proteína bruta com 2400, 2550 ME/kg de ração às oito e 10 semanas de idade. Obtiveram uma margem de lucro mais elevada de 1,55 Rs com 27% de PC e 2470 kcal EM/kg, seguida de 24% de PC e 2470 kcal EM/kg, 28% de PC e 2600 kcal EM/kg, 21% de PC e 2430 kcal EM/kg de dieta. Sugeriram que os pintos machos de pernilongo branco poderiam ser criados de forma rentável com dietas contendo 21 a 24% de PC com 2400 a 2500 kcal EM/kg até às semanas de idade.

Shudhakar *et al* (1988) estudaram a economia comparativa de frangos de carne sexados e galos de pernilongo branco com dois níveis de energia até às 8 semanas de idade dos frangos e até às 12 semanas de idade dos galos. O custo variável expresso em percentagem do custo total foi mais elevado no galo branco (86,77%), seguido do frango de carne (70,78%), ao contrário do custo fixo, que foi mais baixo no galo branco. Uma vez que o custo dos galos diminuiu, enquanto o custo dos pintos foi muito inferior ao dos frangos, o custo fixo dos galos diminuiu, enquanto o custo variável aumentou proporcionalmente. A idade não influenciou os custos variáveis e fixos dos galos. O custo total de produção por ave foi o menor para os galos e o maior para os frangos. O baixo nível de energia e de outras proteínas resultou num menor custo/kg de peso vivo tanto nos frangos como nos galos. O custo médio de produção por kg de peso vivo dos galos e dos frangos foi de 16,6 e 14,0, respetivamente.

Mohan *et al* (1990) estudaram os aspectos económicos da produção de galos em Namakal e arredores. O custo total por ave foi de Rs. 9,45, dos quais os custos fixos e variáveis constituíam 86 e 14%, respetivamente. Entre os custos variáveis, o custo da alimentação representou 65,4% do custo total, enquanto o custo dos pintos representou 6,36%. O rendimento da venda de uma ave viva foi de Rs. 36,62 à taxa de Rs. 60/kg e o custo de produção foi de Rs. 14,00 com um rendimento líquido de cerca de Rs. 22,00 e o custo do benefício poderia ser criado como substituto do frango de carne em locais onde os consumidores preferem carne ligeira e onde há falta de disponibilidade de pintos de carne.

Bertechini et al (1991) observaram que, num desenho fatorial 3x3x2 (valor energético inicial x valor energético final x sexo) 504, os frangos Hubbard receberam, a partir de 1 dia de idade, dietas à base de milho, farinha de óleo de soja, farinha de trigo e óleo vegetal com minerais e vitaminas para fornecer energia metabolizável (EM) 2800, 3000 e 3200 kcal/kg com uma ração constante de energia: nutrientes. Com o aumento da ingestão de EM, houve. O conteúdo energético da dieta inicial não teve efeitos significativos sobre o desempenho no período de acabamento (26 a 56 dias de idade). As conversões alimentares melhoraram linearmente com o aumento do valor energético nos períodos de arranque e de acabamento. Não houve diferença na gordura corporal, proteína e água entre os tratamentos.

Bertechini et al (1991) experimentaram durante 20 dias, 216 frangos machos e fêmeas da raça Hubbard com 28 dias de idade inicialmente, que receberam dietas para fornecer energia metabolizada (EM) 2800,3000, e 3200 kcal/kg com uma ração constante de energia: nutrientes. Com o aumento da ingestão de EM . O conteúdo energético da dieta inicial não teve efeitos significativos no desempenho no período de acabamento (26 a 56 dias de idade). As conversões alimentares melhoraram linearmente com o aumento do valor energético nos períodos de arranque e de acabamento. Não houve diferença na gordura corporal, proteína e água entre os tratamentos.

Bertechini *et al* (1991) experimentaram, durante 20 dias, 216 frangos Hubbard, machos e fêmeas, com 28 dias de idade, que receberam dietas para fornecer energia metabolizável (EM) de 2800, 3000 e 3200 kcal/kg e foram mantidos em baterias a uma temperatura ambiente de $17,1^0$, $22,2^0$ e $27,9^0$ C. As dietas eram compostas por milho, farinha de óleo de soja, farelo de trigo e óleo vegetal com minerais e vitaminas e tinham uma relação constante de energia: nutrientes. Quando o consumo de energia aumentou, o consumo de ração e a conversão alimentar diminuíram. Registou-se uma diminuição linear ($p<0,05$) do ganho de peso, do consumo de ração e de EM. A conversão alimentar foi melhor a $22,2^0$ c ($P<0,05$) com uma diferença entre os valores a $17,1^0$ c & $27,9^0$ c. O ganho de peso, o consumo de ração, o consumo de EM, o rendimento da carcaça vestida e a gordura abdominal foram maiores nos machos do que nas fêmeas ($P<0,05$). Os pintos obtiveram maior ganho de peso corporal com uma ração contendo 23% de proteína e com uma relação energia: proteína de 128,2:1. Os pintos apresentaram uma melhor eficiência alimentar com o aumento do nível de proteínas e a diminuição da relação energia/proteínas da ração. No entanto, não se registou uma diferença significativa no consumo de ração entre os diferentes grupos. A ração com 23% de proteínas e uma relação energia/proteínas de 128,2:1 foi considerada económica.

A. Ahmed, Chatterjee e Bhattacharya *et al.* (2008) Esta experiência foi realizada para investigar o desempenho de pintos *Vanaraja* sujeitos a condições de elevada altitude (Arunachal Pradesh) e a alimentação energética a diferentes níveis. 990 pintos *Vanaraja* (com um dia de idade) provenientes de uma única eclosão e com pesos corporais idênticos (38,2+ou- 5 g) foram divididos aleatoriamente em três grupos (T1, T2 e T3) de 330 aves cada. Os pintos foram ainda subdivididos em três réplicas com 110 pintos cada. Foram preparados três tipos de rações com ingredientes convencionais: ração I (alta energia, HE) - 2900 kcal EM/kg de dieta (milho, polimento de arroz, bolo de amendoim, farinha de soja, farinha de peixe e óleo vegetal); ração II (média energia, ME) - 2800 kcal EM/kg de dieta (milho, polimento de arroz, bolo de amendoim, farinha de soja e farinha de peixe); e ração III (baixa energia, LE) - 2700 kcal EM/kg de dieta (milho, polimento de arroz, bolo de amendoim, farinha de soja e farinha de peixe). Os pesos corporais às 6 semanas e as eficiências cumulativas de conversão alimentar foram 802,82+ou-6,72 e 2,52+ou-0,08, 722,72+ou-5,82 e 2,85+ou-0,08 e 689,82+ou-10,39 e 3,02+ou-0,09, respetivamente, para os grupos alimentados com as rações I, II e III. A percentagem de mortalidade foi superior ao intervalo normal em todos os grupos. Observou-se um peso corporal significativamente maior (P<0,05) e uma melhor eficiência de conversão alimentar (P<0,05) no grupo alimentado com a dieta HE. O consumo de ração foi inversamente proporcional ao conteúdo energético da dieta.

H. Al-Khalif e A. Al- Nasser et al (2012) observaram durante a alimentação de três níveis diferentes de proteína dietética 18%, 21%, 22%,.as variáveis medidas incluem o peso corporal, o consumo de ração e a eficiência alimentar. Os resultados mostraram que não havia níveis significativamente diferentes, indicando que a utilização de uma dieta com um nível de proteína de 18% é tão satisfatória como os níveis de 21% e 22%, pelo que é possível alimentar com um nível de proteína mais baixo, reduzindo o custo da ração. Em conclusão, recomenda-se a utilização de um tratamento dietético com 18% de proteínas para os frangos de Arabi.

Rao S.V Rama *et al.*(2005) Foi efectuado um estudo para avaliar o efeito da variação da concentração de energia da dieta no desempenho de frangos *Vanaraja* durante a fase juvenil da vida. Para o efeito, foram criados 7 grupos de tratamento de 9 réplicas com 315 pintos de um dia de idade. Os pintos de cada um dos 7 grupos foram alimentados com uma dieta contendo EM de 2200 a 2800 kcal EM/kg durante 1-42 dias de idade. Observou que o peso corporal diminuiu significativamente (P<0,05) no grupo alimentado com uma dieta que continha EM inferior a 2400 kcal/kg de dieta e que a FCR aumentou significativamente com o nível de energia, sendo comparável entre os grupos alimentados com uma dieta que continha 2600 a 2800 kcal EM/kg de dieta. A redução do nível de EM afectou negativamente a TCA. Com a redução do nível de energia, o peso da moela, do intestino e a deposição de gordura diminuem. O peso da bursa e do baço foi comparável entre todos os grupos de dieta.

Rao S.V Rama *et al.*(2006) Foi efectuado um estudo para avaliar o efeito do nível de proteínas da dieta no desempenho de pintos *Vanaraja* durante a fase juvenil. Para o efeito, foram criados 6 grupos de 10 réplicas com 6 pintos em cada um. A cada grupo de tratamento foi oferecida uma das seis dietas iso-calóricas (2,6 Mcal/kg) contendo 14,5 a 22% com um incremento de 1,5% dos 3 aos 49 dias de idade. O ganho de peso foi significativamente (p<0,05) baixo com 14,5% de PC em comparação com um nível de proteína mais elevado. Não houve diferença significativa na eficiência alimentar entrc os grupos de dieta contendo 16% ou mais de proteína durante a experiência. O peso relativo do fígado, moela, miúdos, intestino e gordura foi significativamente mais elevado nas aves alimentadas com 14,5 PC.

Mohammed A. Ahmed *et al.*(2013) Foi realizada uma experiência para estudar o valor nutricional do milho amarelo quando substitui o grão de sorgo como fonte de energia nos níveis 0, 25, 50, 75 e 100% em rações para frangos de carne. Cento e quarenta pintos de um dia de idade (Ross), não sexados, foram distribuídos aleatoriamente por cinco dietas aproximadamente isocalóricas e isonitrogénicas, rotuladas da seguinte forma Dieta (S0) contendo 100% de sorgo (controlo, 60% da dieta), dieta (S1) 75% de sorgo 25% de milho, dieta (S2) 50% de sorgo 50% de milho, dieta (S3) 25% de sorgo 75% de milho e dieta (S4) milho (100%) (sem sorgo). Cada tratamento teve quatro réplicas com 7 aves por réplica. A experiência teve a duração de 6 semanas. O consumo de ração e o ganho de peso corporal foram registados semanalmente. Os resultados mostraram um aumento significativo (P < 0,01) no consumo de ração (3847,7, 3817,68 e 3734,06 gramas) e no ganho de peso corporal (2189,58, 2203,04 e 2078,98 gramas) para as aves alimentadas com as dietas S0, S1 e S2, respetivamente. Não foram observadas diferenças significativas no rácio de conversão alimentar entre todos os tratamentos dietéticos. Além disso, a eficiência proteica foi maior para as aves que receberam a dieta S0 (2,65) e a dieta S1 (2,62) e menor para as aves que receberam a dieta S4 (2,45). As aves alimentadas com a dieta S3 e S4 registaram significativamente (P < 0,01) os pesos mais baixos da carcaça quente e fria (1420,83, 1479,17 gramas) e (1395,84, 1458,34 gramas), respetivamente, do que os outros grupos. Pintos de corte suplementados com a dieta S1 e S2 registaram significativamente (P < 0,05) maior porcentagem de molho quente na carcaça (73,66 e 73,36), respetivamente, do que aqueles alimentados com a dieta S0 (72,60) e S4 (72,60), enquanto aqueles alimentados com a dieta S3 (71,92) registraram o menor. O nível mais elevado de glucose no soro foi obtido pelos pintos alimentados com a dieta S1 (176,33), enquanto os alimentados com as outras quatro dietas foram estatisticamente semelhantes. O nível de proteínas totais no soro foi mais elevado nos pintos alimentados com a dieta S0 (3,10), S1 (3,66) e S4 (3,42), enquanto o nível mais baixo foi observado nos pintos alimentados com a dieta S3 (2,31). Todos os tratamentos não tiveram efeito significativo (P > 0,05) sobre a percentagem de gordura da carcaça fria, o peso do fígado e da gordura abdominal, o colesterol sérico, o cálcio sérico e os níveis de fósforo inorgânico. O custo de produção diminuiu com o aumento do nível de milho.

Irfan Akram Baba *et al.*(2014) realizaram uma experiência para estudar o efeito de alguns parâmetros climáticos no desempenho de aves *Vanaraja* criadas em sistemas intensivos e de quintal. O desempenho das aves *Vanaraja* (dupla finalidade) em condições ambientais como a temperatura, a humidade relativa e o Índice de Temperatura e Humidade (THI) foi estudado no verão, na região de Jammu, em Jammu e Caxemira. 120 aves foram distribuídas equitativamente e criadas durante oito semanas em dois grupos: intensivo (dentro do pavilhão) e semi-intensivo (fora do pavilhão). Cada grupo tinha quatro réplicas de 15 aves cada. Com base nas temperaturas médias diárias de bolbo seco e húmido, foram calculados os valores de THI para o exterior e o interior do pavilhão. A temperatura média global, a humidade relativa, o THI, a mortalidade, a ingestão de água, o ganho de peso, o consumo de ração e o rácio de conversão alimentar das aves nos sistemas intensivo (dentro do pavilhão) e semi-intensivo (fora do pavilhão) até às oito semanas de idade foram: 37.02 e 37.63 , 62.18 e 66.61 %, 84.5 e 83.85, 2.4 e 1.7, 1300.3+6.77 e 1055.92± 7.32 ml, 173.27 ± 6.78 e 170.84 ± 5.21 g, 398.02 ± 5.66 e 327.90 ± 7.11 g, 2.24± 0.112.0 e 2 ± 0.12 respetivamente. Os valores do THI no exterior e no interior do pavilhão sugerem que as aves estiveram em stress durante a experiência. Concluiu-se que, durante os extremos de temperatura e humidade relativa, o desempenho das aves *Vanaraja* foi inferior.

R. Buragohhain ,M.K Ghosh *et al.*(2005) *Vanaraja,* uma ave de dupla finalidade, tem adaptabilidade e potencialidade para proporcionar benefícios económicos e melhorar a condição socioeconómica das populações rurais pobres. Para otimizar o crescimento e o desempenho produtivo, níveis adequados de proteína e energia na dieta são a primeira necessidade. No presente estudo, procurou-se estudar o efeito dos níveis de proteína e energia da dieta no desempenho do crescimento de aves Vanaraja em zonas de elevada altitude de Arunachal Pradesh. Cerca de duzentos pintos com um dia de idade, recebidos da PDP, Hyderabad, foram distribuídos aleatoriamente em quatro grupos com duas réplicas em cada um e alojados num sistema de gestão de camas profundas nos pavilhões experimentais do Centro Nacional de Investigação sobre o Iaque (ICAR), Dirang, Arunachal Pradesh, situado a uma altitude de cerca de 5200 pés acima. Foram preparadas quatro rações experimentais com níveis decrescentes de proteínas alimentares, ou seja, 23 a 20% de PC e níveis crescentes de energia, ou seja, 2800 a 3100 Kcal EM/kg, designadas como Ração-I (23% PC, 2800 Kcal/kg), Ração-II (22% PC, 2900 Kcal EM/kg), Ração-III (21% PC, 3000 Kcal EM/kg) e Ração-IV (20% PC, 3100 Kcal EM/kg), respetivamente, e alimentadas até às 6 semanas de idade. Os pintos foram desparasitados e vacinados de acordo com os programas. Durante o período experimental, foram registados o consumo diário de ração, o ganho de peso corporal em intervalos semanais e a mortalidade dos pintos. O consumo médio diário de ração variou de 57,40 +5,22 g a 65,56 +4,50 g por ave por dia. Não foi observada nenhuma diferença significativa (P>0,05) entre os grupos no consumo diário de ração, no entanto, o consumo de ração foi inversamente proporcional aos níveis de energia dietética nas rações. Observou-se que o ganho de peso corporal final foi mais elevado com a Ração-II com 22% de PC e 2900 Kcal EM/kg (954,17 +26,44 g), seguida da Ração I (945,83 +46,29 g), Ração III (905,38 +29,79 g) e Ração IV (882,31 +31,56g). No entanto, não foram observadas diferenças significativas entre os grupos no ganho semanal de peso corporal. O rácio de conversão alimentar foi registado como 1,31

+0.16, 1.32 +0.13, 1.25 +0.12, e 1.27 +0.13 com a Ração I a IV. Assim, é evidente no presente estudo que, com o aumento dos níveis de energia na dieta, não se observaram diferenças significativas no que respeita ao ganho de peso corporal ou ao rácio global de conversão alimentar entre os grupos. No entanto, tendo em conta o desempenho em termos de ganho de peso corporal ou de eficiência global de conversão alimentar, 22% de PC e 2900 Kcal EM/kg podem ser considerados óptimos para o desempenho de crescimento de aves *Vanaraja* até às 6 semanas de idade em zonas de elevada altitude de Arunachal Pradesh. São necessários mais estudos com um maior número de aves durante um período mais longo para obter as necessidades absolutas de proteínas e energia em zonas de altitude elevada para uma produtividade óptima das aves *Vanaraja*.

A. Golian *et al.* (2010) estudaram o efeito de quatro níveis de energia (2900, 3000, 3100, 3200 kcal/kg) e quatro níveis de proteína (17, 20, 23 e 26%) nas respostas imunitárias PI e humoral de galinhas. O peso linfoide e o peso da alavanca foram determinados aos 10,15,20 d. Cinco aves foram injectadas i/m com 1ml/galinha de suspensão de SRBC 15% em PBS aos dias 15 (injeção primária) e 25 (injeção secundária) de idade. Foram colhidas amostras de sangue 5 e 10 dias após cada injeção e, em seguida, avaliadas para determinar os títulos de imunoglobulina total, I_g M, I_g G e anti-SRBC. O peso corporal e a FCR dos pintos melhoraram à medida que a energia e as proteínas da dieta aumentaram, e o consumo de ração dos pintos não foi influenciado pelo nível de proteínas da dieta. Verificou que os frangos de carne alimentados com níveis baixos de proteínas tinham um peso do fígado mais pesado do que os alimentados com dietas com níveis elevados. Os títulos de anticorpos IgG anti-SRBC totais aumentaram nas aves alimentadas com dietas com baixo teor de energia, mas o teor de energia da dieta não influenciou os títulos de anticorpos anti-SRBC das aves. As dietas energéticas proteicas são igualmente adequadas para o crescimento precoce e a eficiência alimentar, mas o crescimento rápido diminui as respostas imunitárias. Isto significa que as aves foram seleccionadas para um crescimento rápido, mas não para uma melhor resposta imunitária.

H. Enting, *et al.* (2007) Foi realizada uma experiência com 60 semanas de idade para estudar o efeito de dietas de baixa densidade para frangos de carne no desempenho e no estado imunitário da sua descendência. O autor concluiu que as dietas de baixa densidade para frangos de carne podem melhorar a taxa de crescimento da descendência, reduzir a mortalidade e reduzir e aumentar a resposta imunitária, dependendo da idade da cria e do peso do ovo.

F. kheiri *et al* (2011) : Foi realizada uma experiência de 42 dias para avaliar o desempenho e o rendimento da carcaça de frangos de carne alimentados com uma dieta com diferentes níveis de exigência de lisina, lisina muito elevada (120% NRC), lisina elevada (110%NRC), padrão (100%NRC) e lisina baixa (90%NRC) num desenho experimental completamente aleatório. Durante o estudo, observou que o aumento do nível de lisina na dieta aumentou significativamente a percentagem de carcaça e o peso da gordura abdominal, da moela e do coração, em comparação com o grupo padrão.

CAPÍTULO: 3

MATERIAIS E MÉTODOS

O presente estudo foi concebido com o objetivo de investigar a influência de vários níveis de energia e de proteínas no desempenho, nos traços da carcaça, na resposta imunitária, no perfil lipídico e na economia da produção de frangos de carne da estirpe *Vanaraja* durante um período de oito semanas na unidade de investigação em nutrição avícola do departamento de nutrição animal, Bihar Veterinary College, Patna.

Técnicas experimentais: O estudo foi planeado para ver o efeito da alimentação com diferentes níveis de energia e proteína na estirpe *Vanaraja* de frangos de carne. Os pintos de 600 dias de idade da estirpe Vanaraja foram adquiridos na PDP, Hyderabad, durante o início da estação do inverno e a temperatura era de aproximadamente 32°C. Os pintos foram vacinados contra as doenças de Ranikhet e Gumboro. Os pintos aleijados e aqueles com pesos corporais extremos foram descartados do estudo. As aves experimentais receberam apenas milho triturado no primeiro dia e, em seguida, ração padrão. No sexto dia, foram seleccionados 540 pintos, marcados com bandas nas asas, pesados e divididos aleatoriamente em nove grupos experimentais de 60 pintos em cada grupo, repetidos duas vezes com 30 pintos em cada réplica. Os pintos foram criados em criadeiras aquecidas eletricamente em idade precoce sob diferentes grupos de tratamento.

Duração da experiência: A experiência foi conduzida por um período de 56 dias. Todas as práticas de gestão padrão foram seguidas durante o período experimental, incluindo o calendário de vacinação.

Alojamento: Os pintos foram criados num sistema de cama funda. O material de cama utilizado foi o pó de serra. A cama foi mantida com 3-4" de espessura. A cama era varrida semanalmente para evitar a formação de bolos nos recintos de criação. Os pintos eram servidos de água potável fresca e limpa ad libitum através de um sistema de fonte. Os pintos de aves de capoeira foram criados em condições uniformes de alojamento, incluindo incubação, alimentação, abeberamento, iluminação e outros maneio. Durante os primeiros períodos de crescimento, os pintos foram alimentados com luz artificial.

Medidas de higiene: As gaiolas e os comedouros e bebedouros foram limpos e desinfectados. Um banho de água doce com solução de fenol, que era mudada todas as manhãs, foi mantido à entrada da sala de experiências durante todo o período experimental como uma das medidas higiénicas

Tratamento dietético: Todas as aves foram divididas em nove grupos de tratamento. As aves do grupo de tratamento T9 serviram de controlo, alimentadas com uma dieta contendo 21% de proteínas brutas e 2800 kcal de EM/kg de energia.

T1	:	17% de proteína bruta 2600	kcal EM/kg
T2	:	17% de proteína bruta 2800	kcal EM/kg
T3	:	17% de proteína bruta 3000	kcal EM/kg
T4	:	19% de proteína bruta 2600	kcal EM/kg
T5	:	19% de proteína bruta 2800	kcal EM/kg
T6	:	19% de proteína bruta 3000	kcal EM/kg
T7	:	21% de proteína bruta 2600	kcal EM/kg
T8	:	21% de proteína bruta 3000	kcal EM/kg
T9 (controlo)	:	21% de proteína bruta 2800	kcal EM/kg

Formulação da ração: Os ingredientes da ração foram adquiridos num único lote antes do início da experiência. Todos os ingredientes foram analisados quanto aos princípios proximais (AOAC, 1975), juntamente com o cálcio e o fósforo, utilizando o método modificado por Talapatra *et al.* (1940) e são apresentados no Quadro-1. Com base no valor analisado de proteína bruta e no valor padrão publicado de energia metabolizável. Foram formuladas nove rações experimentais diferentes com três níveis de proteína, a saber, 17, 19 e 21 por cento cada, com três níveis de energia (2600, 2800 e 3000 kcal/ME/kg) num arranjo factorial 3 x 3. As rações formuladas acima foram novamente analisadas quanto aos seus princípios de proximidade no laboratório de nutrição animal. A composição da ração experimental e os valores analíticos são apresentados no Quadro -1 e no Quadro -2.

Table 1. Composição química percentual e energia metabolizável dos alimentos utilizados na experiência (com base na matéria seca)

Ingredients	DM	CP	EE	CF	TA	AIA	NFE	Ca	P	ME (kcal/kg)
Yellow Maize	91.0	9.50	3.35	2.08	2.80	0.20	82.27	0.08	0.36	3330
Soyabean Meal	92.0	45.0	0.82	5.85	7.05	1.03	41.28	0.23	0.58	2450
Wheat Bran	89.5	14.0	3.6	11.50	6.60	1.40	64.30	0.21	1.18	2000
De-oiled Rice Bran	92.5	13.0	1.78	13.25	6.40	2.70	65.57	0.07	0.98	1800

Table 2. Composição percentual das diferentes dietas experimentais

Ingredients (%)	T_1	T_2	T_3	T_4	T_5	T_6	T_7	T_8	T_9
Yellow Maize	50.50	60.00	67.00	48.00	59.00	68.00	46.00	61.00	54.00
Soya bean meal	19.00	21.00	22.00	25.00	27.00	27.50	31.00	33.50	32.00
Wheat bran	13.50	7.50	3.00	11.00	5.00	0.00	10.50	0.00	5.00
Deoiled rice bran	13.50	7.50	3.00	12.50	5.00	0.00	9.00	0.00	5.00
Soya oil	0.00	0.50	1.50	0.00	0.50	1.00	0.00	2.00	0.50
Common salt	0.30	0.30	0.30	0.30	0.30	0.30	0.30	0.30	0.30
Calcite	1.00	1.00	1.00	1.00	1.00	1.00	1.00	1.00	1.00

Mineral mixture	1.50	1.50	1.50	1.50	1.50	1.50	1.50	1.50	1.50
Premix	0.70	0.70	0.70	0.70	0.70	0.70	0.70	0.70	0.70

Valor calculado

Attributes	T_1	T_2	T_3	T_4	T_5	T_6	T_7	T_8	T_9
CP (%)	17.05	17.10	17.15	19.04	19.20	19.15	21.08	21.19	21.10
ME (kcal/kg)	2607	2815	3009	2624	2810	3019	2609	3012	2814
Ca (%)	1.20	1.21	1.22	1.21	1.23	1.11	1.21	1.20	1.21
Av. P (%)	0.54	0.53	0.54	0.52	0.54	0.51	0.54	0.54	0.54

Composição da mistura mineral (Agrimin forte):

Vitamina A (7,00,000 U.I.), Vitamina D3 (70,000 U.I.), Vitamina E (250 mg), Nicotinamida (1000 mg), Cobalto (150 mg), Cobre (1200 mg), Iodo (325 mg), Ferro (1500 mg), Potássio (100 mg), Magnésio (6000 mg), Manganês (1500 mg), Selénio (10 mg), Sódio (5.9 mg), Enxofre (0,72 %), Zinco (9600 mg), Cálcio (25,5%) e Fósforo (12,75%).

PARÂMETROS OBSERVADOS DURANTE A EXPERIÊNCIA

Durante o período experimental, foram adoptados os seguintes procedimentos de registo e amostragem.

(A) PARÂMETROS DE CRESCIMENTO

(i) Consumo de alimentos:

O consumo de ração é a quantidade de ração consumida todas as semanas. Foi calculado para cada grupo de tratamento numa base semanal. No final da semana, a quantidade residual de ração foi pesada e subtraída do peso da ração oferecida no início da semana. A diferença de peso foi dividida pelo número total de aves.

(ii) Peso corporal e aumento de peso corporal:

Durante a fase inicial da experiência, foi registado o peso corporal de cada pintainho. Posteriormente, a alteração do peso corporal foi observada num intervalo semanal até às oito semanas. O ganho de peso vivo foi calculado subtraindo o peso vivo no início da semana do peso corporal vivo da semana seguinte e o ganho de peso corporal total no final da 8th semana do peso corporal inicial.

(iii)   Rácio de conversão alimentar (FCR) e índice de desempenho (PI):

O rácio de conversão alimentar (FCR) foi calculado todas as semanas como a quantidade de ração consumida por unidade de ganho de peso corporal. O índice de desempenho também foi calculado semanalmente.

(B)   Estudo do equilíbrio dos nutrientes:

Após o fim da experiência, foi efectuado um ensaio metabólico de cinco dias para observar o equilíbrio dos principais nutrientes, como as proteínas, a energia, o cálcio e o fósforo.

Em cada ensaio, quatro aves de cada grupo foram seleccionadas aleatoriamente e transferidas para gaiolas metabólicas. Foi dada uma alimentação preliminar para adaptação dos frangos de carne ao novo sistema de alojamento. Foram espalhadas folhas de polietileno de tamanho adequado sobre os tabuleiros de queda para a recolha de excrementos misturados. Foi oferecida aos pintos uma quantidade pesada de ração experimental a uma hora fixa da manhã, todos os dias durante o período experimental. Os excrementos mistos também foram recolhidos quantitativamente ao fim de 24 horas, a horas fixas, e reunidos para se conhecer a quantidade total de excrementos eliminados durante cinco dias. O consumo diário de ração foi recolhido depois de deduzido o peso dos resíduos de ração que restavam da ração oferecida. Foram colhidas amostras representativas da ração a granel, finamente trituradas e armazenadas em frascos para análise laboratorial de Ca e P. Foram retiradas alíquotas das gotas, depois de bem misturadas com a ajuda de uma espátula, para determinação da matéria seca e análise de acompanhamento para estimativa do azoto. As alíquotas de cinco dias foram agrupadas para análise de nutrientes.

(C)   Estudo da carcaça:

No final das oito semanas, quatro aves de cada grupo e duas de cada réplica foram seleccionadas aleatoriamente para abate e transformação. As aves foram deixadas à fome 24 horas antes do abate, sem que lhes fosse retirada água para beber. Cada ave foi pesada duas vezes, imediatamente antes da inanição e de novo imediatamente antes do abate. As aves foram sangradas através de uma incisão limpa na base dos lóbulos das orelhas e deixadas a sangrar. As aves foram mergulhadas em água quente (70° C) durante 30 segundos (escaldagem forte). As aves escaldadas foram depenadas à mão para remover perfeitamente as penas do corpo. A cabeça foi retirada por um corte entre a primeira vértebra cervical e o osso ótico. Os pés e o pernil foram cortados nas articulações tíbio-társicas, as pontas das asas foram retiradas e o peso da carcaça foi registado. Em seguida, as aves são evisceradas, sendo-lhes retirados o papo, o esófago, a traqueia e as vísceras. Os pulmões foram raspados. As miudezas (coração, fígado e moela) foram retiradas das vísceras. A vesícula biliar é retirada do fígado, a moela é aberta e o conteúdo é lavado, o revestimento é arrancado e o conteúdo é lavado. O coração foi limpo de coágulos de sangue e de vasos aderentes. O peso da carcaça, juntamente com as miudezas, foi registado como peso eviscerado. A percentagem de preparação e a percentagem de evisceração foram calculadas com base no peso vivo pré-abate às 8th semanas de idade.

O pescoço das carcaças foi retirado o mais próximo possível das clavículas, tendo o peso do pescoço e da moela sido registado separadamente. O peso do coração, do fígado e da moela foi registado e expresso em percentagem do peso vivo.

Colheita de sangue:

No final da experiência, foram colhidas amostras de sangue de três frangos de carne por réplica, perfazendo seis amostras por tratamento. O sangue foi recolhido em dois conjuntos de frascos, um sem anticoagulante e outro com anticoagulante EDTA, a partir da veia da asa, utilizando seringas de insulina.

Deixou-se coagular o sangue sem anticoagulante e centrifugou-se durante 15 minutos a 1500 rpm para separar o soro. A amostra de soro foi armazenada a -20° C para a análise de colesterol, triglicéridos, HDL, VLDL, LDL, proteínas totais e glucose. As amostras de sangue com EDTA foram imediatamente utilizadas para análises hematológicas, tais como o volume de leucócitos (PCV) e a hemoglobina (Hb).

(D) Análises bioquímicas do soro:

(1) Perfil lipídico do soro:

O colesterol total, o HDL e os triglicéridos foram calculados utilizando um kit de teste comercial (AUTOSPAN liquid gold, Cogent) a 505 nm de comprimento de onda no espetrofotómetro 106.

(II)Proteínas totais do soro:

As amostras de soro colhidas de cada grupo foram examinadas quanto à presença de proteínas totais utilizando um kit de teste comercial (AUTOSPAN liquid gold, Cogent) a 578 nm de comprimento de onda, utilizando o espetrofotómetro 106.

(111) Glucose do soro:

As amostras de soro colhidas de cada grupo foram examinadas quanto à presença de glicose pelo kit de teste AUTOSPAN Liquid Gold (Glucose) a 505 nm, utilizando o espetrofotómetro 106.

(E)   Análise do sangue total:

(i)   Hemoglobina:

A hemoglobina (Hb) foi estimada de acordo com o método da cianometemoglobina (Drabkin, 1932). Neste método, a hemoglobina é oxidada a meta-hemoglobina por ferricianeto de potássio; a meta-hemoglobina, por sua vez, combina-se com cianeto de potássio para formar cianometahemoglobina. A absorvância padrão é lida antes do início do procedimento. Adicionou-se 0,02 ml da amostra a 4,0 ml de solução de Drabkin. Deixou-se a amostra diluída em repouso durante 10 minutos, transferiu-se para uma cuvete e observou-se a densidade ótica a 540 nm contra um branco de solução de Drabkin. O resultado foi calculado a partir da fórmula seguinte;

(ii)   Volume de células embaladas:

O volume celular compactado (PCV) foi estimado pelo método do micro-hematócrito (Campbell, 1995). O volume celular compactado (PCV) foi medido como micro-hematócrito com tubos capilares de 75 x 16 mm. O tubo capilar foi enchido com dois terços a três quartos de sangue bem misturado. A extremidade do tubo capilar foi selada com cera de selagem. Os capilares cheios foram colocados na centrífuga de micro-hematócrito, com a extremidade obstruída afastada do centro da centrífuga, e centrifugados a 3000 rpm durante 5 minutos. A leitura do PCV foi efectuada com a ajuda de um leitor de PCV expresso em percentagem.

(F)   Eficácia de diferentes níveis de energia e proteína na resposta imunitária de frangos de carne da estirpe *Vanaraja:*

Antigénio: A estirpe Poona do vírus da IBD, mantida no Departamento de Microbiologia, Bihar Veterinary College, Patna, sob a forma de 50% de homogenato bursal, foi utilizada como antigénio de referência ao longo do presente estudo.

Antissoro: O soro hiper-imune contra uma estirpe de vírus vacinal foi obtido no Departamento de Microbiologia Veterinária. Este soro foi inactivado a *56°C* e armazenado a 0°C.

Vacina: Foi utilizada uma vacina viva adaptada à cultura celular contra o vírus invasivo intermediário da IBD (EID50), disponível na forma liofilizada (Venkateshwara hatcheries Pvt. Ltd., Pune). A vacina foi reconstituída em diluentes fornecidos com o frasco e utilizada poucas horas após a reconstituição.

Vacina contra a estirpe F do vírus da doença de Ranikhet: Foi utilizada uma vacina comercialmente disponível da estirpe F (Venkateshwara hatcheries Pvt. Ltd., Pune) para a vacinação de galinhas após reconstituição adequada aos 7th dias de idade. O vírus da estirpe F foi ainda utilizado como antigénio no teste de hemaglutinação (HA) e no teste de inibição da hemaglutinação (HI) após propagação no ovo embrionário por via alantóica.

Eritrócitos de galinha: foi utilizada uma suspensão de 1,0 % de hemácias de galinha em tampão fosfato salino (PBS) para os testes HA e HI.

Suspensão de glóbulos vermelhos: Foram utilizados três frangos adultos como dadores de sangue. O sangue foi colhido de cada ave em solução de Alsever (1 : 1) e centrifugado a 500 rpm durante 10 minutos. O sobrenadante foi retirado e os glóbulos brancos foram lavados três vezes com PBS. Finalmente, foi feita uma suspensão de 1,0 por cento de hemácias em PBS e armazenada à temperatura do frigorífico. Esta suspensão foi utilizada apenas durante quatro dias após a preparação e, em seguida, foi preparada uma nova suspensão.

Tampão:

    (i)   Teste de precipitação em gel de ágar (Aziz, 1985):

Solução A :

| Na2 HPO4, 2H2O | 1,4 gm |
| Água duplamente destilada | 100 ml |

Solução B :

| Na H2 PO4 | 1,4 gm |
| Água duplamente destilada | 100 ml |

Composição do gel de ágar:

84,1 ml de solução A

15,9 ml de solução B

8,0 g de cloreto de sódio

1,0 g de meio de agarose HI 0,01 g de azida de sódio

A mistura foi vaporizada durante 10 minutos a 15 lb de pressão.

(ii) Solução salina tampão de fosfato (Aziz, 1985):

NaCl	2.0 g
KCl	0.05 g
Na2 HPO4, 2H2O	0.14 g
KH2PO4	0.05 g
Água duplamente destilada	250 ml

P^H variou entre 7,2 e 7,4

Esta solução foi autoclavada a 15 lb de pressão durante 15 minutos e armazenada à temperatura do frigorífico até ser utilizada. Este tampão foi utilizado para a reconstituição e preparação do antigénio.

A solução da Alsever:

Dextrose	2.05 g
Citrato de sódio	0.90 g
Cloreto de sódio	0.42 g
Ácido cítrico	0.055 g
Água destilada	100 ml

Foi esterilizada por autoclavagem a 10 lb de pressão durante 15 minutos.

<u>Método</u>

Preparação do antigénio: A estirpe Poona do antigénio do IBDV foi obtida e testada quanto à presença do antigénio do IBDV em gel de ágar no Departamento de Microbiologia Veterinária e utilizada para o teste de precipitação em gel de ágar (AGPT). Em seguida, foi distribuído em pequenas alíquotas preparadas da mesma forma e serviu como controlo negativo do antigénio. O soro hiperimune criado contra o antigénio do IBDV foi obtido no Departamento de Microbiologia Veterinária.

Procedimento para a recolha de amostras de soro de galinhas: O sangue foi colhido da veia da asa com uma seringa esterilizada de 5 ml, utilizando agulhas de gaze de 22, ao fim de 7, 14, 21 e 28 dias. De cada ave foram colhidos um a dois ml de sangue, que foi imediatamente transferido para um tubo de ensaio esterilizado, que foi mantido numa posição inclinada, deixando-se o sangue coagular.

As amostras de soro foram colhidas e inactivadas a 56° C durante 30 minutos e finalmente armazenadas a -20° C até à sua utilização.

Teste de precipitação em gel de ágar (AGPT): Este teste foi efectuado de acordo com o procedimento de Hirai *et al.*, (1972) com algumas modificações. As lâminas microscópicas de vidro (75 mm x 25 mm) foram pré-revestidas por imersão numa solução de ágar a 0,3 por cento e secas ao ar livre. As lâminas foram colocadas numa superfície horizontal e plana para obter géis uniformes. Foram vertidos quatro ml de gel em cada lâmina com uma pipeta de vidro previamente aquecida e deixou-se endurecer. Após o endurecimento, as lâminas foram mantidas a 4° C durante algumas horas para facilitar a perfuração dos géis. Com a ajuda de um modelo, foi feito um padrão de poços hexagonais constituído por um poço central rodeado por seis poços periféricos, tendo cada poço 3,5 mm de diâmetro e uma distância de 8 mm entre os poços.

O poço central foi carregado com o antigénio e um dos poços periféricos com o antissoro de referência. Os restantes cinco poços foram utilizados para os soros de ensaio. As lâminas foram mantidas numa câmara humidificada à temperatura ambiente e observadas diariamente durante três dias para detetar o aparecimento de qualquer banda de precipitina.

Teste de inibição da hemaglutinação (HI): O teste HI foi efectuado em placa de perspex, de acordo com o método sugerido por Beard (1980). Foram utilizadas no teste quatro unidades HA de antigénio do vírus (Charan *et al.*, 1981) e 1,0 por cento de suspensão de hemácias de galinha. Utilizando 0,25 ml de amostra de soro, foram efectuadas duas diluições em série em PBS. A cada diluição de soro foi adicionado 0,25 ml (4 unidades HA) de antigénio do vírus. Após um tempo de reação de 20 minutos à temperatura ambiente, foram adicionados 0,5 ml de suspensão de hemácias a 1,0% a cada poço que continha a mistura de soro e vírus, que também foram incluídos como controlo. Os resultados foram lidos após 40 minutos. O recíproco da diluição mais elevada de soro que mostra uma inibição completa da hemaglutinação foi considerado como o título de HI.

Análise estatística:

Todos os dados foram analisados estatisticamente utilizando o software Statistical Packages for Social Sciences (SPSS), versão 17.00. Os dados registados foram dispostos num esquema fatorial 3 x 3 (PC e EM) e analisados num delineamento inteiramente casualizado. Para avaliar a significância estatística das diferenças entre os grupos de controlo e experimentais, foi utilizada a análise de variância (ANOVA) de uma via, com os testes de comparação múltipla de Duncan post hoc, tendo as médias sido separadas por LSD, de acordo com Snedecor e Cochran (1967). Os resultados são apresentados como médias, erro padrão e $P<0,05$ foi considerado como diferença estatisticamente significativa.

(G) Economia da produção:

A economia da produção de frangos de carne foi calculada com base no custo da alimentação por kg de ganho de peso vivo. A economia depende, portanto, do custo dos diferentes ingredientes utilizados na experiência, bem como da eficiência alimentar dos vários tratamentos. O custo efetivo dos alimentos foi calculado com base nas taxas de aquisição dos diferentes ingredientes dos alimentos no mercado local.

CAPÍTULO: 4

RESULTADOS E DISCUSSÃO

A produção avícola no nosso país está a ganhar ímpeto no cenário atual, mas para a facilitar nas zonas rurais, foi desenvolvida uma raça de aves de capoeira *Vanaraja* pela Project Directorate on Poultry (PDP), Hyderabad. O principal objetivo da introdução desta raça é que ela é bem adoptada na avicultura de quintal e pode ser criada com poucos factores de produção. Desta forma, a raça *Vanaraja* é útil para melhorar o nível de vida, aumentando o rendimento das populações rurais. Por conseguinte, o presente estudo foi realizado com o objetivo de estudar o efeito da alimentação com diferentes níveis de energia e proteínas no desempenho da estirpe *Vanaraja* de frangos de carne. É necessário um trabalho sistemático neste domínio. Neste estudo, foram observados diferentes parâmetros, como o consumo de ração, o ganho de peso corporal, a taxa de conversão alimentar, o índice de desempenho, o perfil do soro sanguíneo, a resposta imunitária dos frangos de carne e a qualidade da carcaça, respetivamente.

PARÂMETRO DE CRESCIMENTO

Consumo de alimentos:

O efeito de diferentes níveis de proteína e energia na dieta sobre o consumo de ração em intervalos semanais e às 8th semanas de idade em frangos de corte da linhagem *Vanaraja* (Tabela - 3) mostrou um efeito significativo sobre o consumo de ração das aves experimentais. O consumo médio de ração durante a experiência variou de 2872,04 g no grupo T5 a 3129,66 g no grupo T8. O consumo de ração por semana variou de 86,00 a 112,00 g no grupo T8 e $T2$ na primeira semana, enquanto variou de 133,00 a 154,00 g no grupo T9 e T3 na $2a^{nd}$ semana de idade. Os dados de consumo de ração variam de 234,50 a 281,00 g em T7 e $T2$; 336,68 a 390,60 g em T5 e $T2$; 382,00 a 476,28 g em T5 em $T3$; 473,50 a 523,00 g em T6 e $T1$; 553,26 a 634,00 g $emT3$ e T8 em 3rd , 4th , 5th , 6th , 7th e 8th semanas, respetivamente. Foi observada uma boa flutuação no consumo de ração em cada semana entre os diferentes grupos de tratamento.

A análise de variância para o efeito do tratamento no consumo de ração em *Vanaraja* foi significativa (P<0,05). O consumo médio de ração no final da primeira semana no grupo $T2$ foi o mais elevado (112,00 g) e significativamente (P<0,05) superior aos grupos T_1 , T , T_{34} , T , T , T_{567} , T , T_{89} , respetivamente. Na segunda semana, o consumo de ração do grupo T9 foi significativamente (P<0,05) inferior ao dos grupos T_1, T_2, T_3, T_4, T_5 e T6, respetivamente. No entanto, na terceira semana, o consumo de ração no grupo T_7 (234,50 g) foi significativamente menor do que nos grupos T_1, T_2, T_3, T_4, T_5, T_6, T8 e T9, respetivamente, enquanto não houve diferença significativa (P>0,05) entre os grupos T_4, T_5, T8 e T9. Na quarta semana de idade, o consumo de ração no grupo T5 (336,68 g) foi significativamente inferior ao dos grupos T_1, T_3, T_4, T_6, T_7, T8 e T9, respetivamente, ao passo que o consumo de ração no grupo T_2 foi o mais elevado entre os grupos durante as diferentes semanas.

No entanto, na quinta semana de idade, o consumo de ração em T5 foi significativamente (P<0,05) menor em comparação com os grupos T_1, T_2, T_3, T4, T_6, T_7, T8 e T9, enquanto o grupo T3 (476,28 g) foi o mais alto entre todos os grupos de tratamento. Na sexta semana, o consumo de ração em T_6 (473,50 g) foi significativamente (P<0,05) inferior aos grupos T_1, T_2, T_3, T_4, T_6, T_7, T8 e T9, respetivamente, enquanto o valor de T8 (554,50 g) foi o mais elevado entre os diferentes grupos. Na sétima semana, o consumo de ração em T_4 (526,50 g) foi significativamente (P<0,05) mais baixo em comparação com os grupos T_1, T_2, T_3, T_6, T_7, T8 e T9, respetivamente, enquanto o valor de T7 foi o mais alto entre todos os grupos. No entanto, na oitava semana, o consumo de ração em T3 (543,40 g) foi significativamente (P<0,05) inferior aos grupos T_1, T_2, T_4, T_5, T_6, T_7, T8 e T9, respetivamente. O consumo de ração durante todo o período experimental variou de 2.872,04 a 3.129,66 g, o que foi significativamente influenciado pelo tratamento dietético e pelo nível de proteína e energia.

Os frangos de carne *Vanaraja* criados com 19% de proteína bruta e 3000 kcal de EM/kg apresentaram menor consumo de ração do que o grupo de tratamento alimentado com 17% de proteína bruta, quer aumentando o nível de energia. No entanto, verificou-se uma diferença significativa no consumo de ração pelos frangos de carne criados nos grupos T_1, T_2, T_3, T_4, T_6 , T_7 , T_8 e T_9 , respetivamente.

Os resultados acima referidos indicaram que os frangos de carne criados com níveis mais elevados de proteínas e energia consumiram menos ração do que a dieta com níveis mais baixos de proteínas, o que afecta o consumo de ração do que o nível de energia. O presente resultado está de acordo com as conclusões de Sheriff *et al.* (1981), que também obtiveram um menor consumo de ração em frangos alimentados com rações de 22% e 2670 kcal de EM/Kg, contendo um baixo nível de proteínas brutas e de EM, e que registaram um maior consumo de ração. O resultado do consumo de ração obtido neste estudo também corrobora as conclusões de Farrel *et al.* (1975), que concluíram que o consumo de ração estava inversamente relacionado com a concentração de energia na dieta. Contrariamente à nossa conclusão, Haque e Agarwal (1975) obtiveram um consumo de ração numericamente mais elevado em pintos alimentados com rações com níveis mais elevados de proteína e energia. A variação no consumo de ração pode dever-se ao conteúdo energético associado ao aumento da concentração de energia da dieta. Bamgbose (1999) obteve uma redução significativa no consumo diário de ração em pintos, quando a concentração de energia da ração foi aumentada através da incorporação de farinha de larvas com elevado teor de gordura a um nível de 8% na dieta. Assim, é necessário um rácio calórico-protéico adequado na ração para uma ingestão óptima de nutrientes através do consumo de alimentos.

Peso corporal:

O resultado do peso corporal em intervalos semanais em frangos de corte é apresentado na Tabela - 4. O peso corporal médio variou de $90,80 \pm 0,85$ g em T_1 a $113,04 \pm 1,29$ g em T8 na 1st semana, onde variou de $181,44 \pm 1,63$ g em T_1 a $226,60 \pm 2,78$ g em T9 na 2nd semana. Na 3rd semana variou de $267,56 \pm 1,60$ g em T1 para $349,88 \pm 2,34$ g emT8 e na 4th semana variou de $358,16 \pm 2,34$ g em T_1 para $500,00 \pm 5,57$ g em T_8. Em 5th semanas variou de $511,44 \pm 4,83$ g em T_1 a $664,00 \pm 5,59$ g em T_8 . Em 6th semanas variou de $685,8 \pm 5,97$ em T_1 a $900,4 \pm 6,26$ g em T_8 , enquanto que em 7th semanas variou de $864,8 \pm 8,23$ g em T_1 a $1167,8 \pm 6,00$ no grupo T8. No entanto, a variação foi de $1036,4 \pm 7,78$ g em T_1 para $140360 \pm 3,91$ g em T8 na 8th semana de frangos de corte.

A análise de variância para verificar o efeito dos diferentes tratamentos no peso corporal dos frangos de carne foi altamente significativa (P<0,05). O peso corporal médio no final da 1st semana no grupo 21% CP, 3000 kcal ME/kg (T_8) foi o mais elevado ($113,04 \pm 1,21$), no entanto, foi significativamente comparável ao grupo T6 alimentado com 19 % CP, 3000 kcal ME/kg de energia e ao grupo de controlo (T_9). Observou-se um resultado semelhante durante as 2nd semanas de idade e a tendência semelhante manteve-se até ao final desta experiência, onde se verificou que um nível mais elevado de proteínas e de energia tem um efeito positivo no peso corporal.

Aumento do peso corporal:

O resultado do ganho de peso corporal em intervalos semanais e ao final de 8th semanas na linhagem *Vanaraja* de frangos de corte é apresentado na Tabela - 5. O ganho médio de peso corporal variou de $54,28 \pm 1,04$ g em T_1 a $74,60 \pm 1,22$ g em T_8 durante 1st semana. Em 2nd, 3rd, 4th, 5th, 6th, 7th e 8th semana, a mudança mínima e máxima no ganho de peso corporal variou de 90,64 g (T_1) a 115,4 g (T_9), 86,12 g (T_1) a 128,04 g (T_6), 90.60 g (T_1) a 150,12 g (T^8), 138,6 g (T_7) a 181,16 (T_2), 172,52 g (T_2) a 236,4 g (T_8), 179,0 g (T_1) a 273,4 g (T_6) e 140,0 g (T_2) a 255,20 (T_6), respetivamente. O ganho médio de peso corporal no final da experiência variou entre 999,88 g (T_1) e 1365,16 g (T_8), respetivamente.

A análise da variável para o efeito do tratamento dietético no ganho de peso corporal em frangos de corte mostrou um efeito significativo ($P<0,05$) na mudança de peso corporal. O ganho de peso médio ao fim de 1st semana no grupo T8 foi o mais elevado ($74,60 \pm 1,22$ g), significativamente mais elevado do que nos grupos T_1, T_2, T_3, T_4, T_5 e T7, mas não se observou qualquer diferença significativa entre os grupos de controlo e T6. Foi observada uma tendência semelhante em 2nd semanas. No entanto, na 3rd semana, o ganho de peso corporal no T6 ($128,04 \pm 2,10$ g) foi significativamente ($P<0,05$) superior ao dos outros grupos. No entanto, o efeito da energia e da proteína no ganho de peso corporal foi semelhante nos grupos T4 e T8.

O ganho de peso corporal em 4th semana em T8 ($150,12 \pm 5,37$ g) foi mais elevado do que nos outros grupos experimentais, enquanto que em 5th semana T_2 ($181,16 \pm 4,11$) foi mais elevado, mas significativamente comparável ao controlo, no entanto, verificou-se uma tendência semelhante em 6th, 7th e 8th semana, respetivamente. O ganho global de peso corporal no grupo T8 alimentado com uma dieta com 21 % de PC e 3000 kcal de EM/kg foi o mais elevado, mas foi significativamente semelhante ao do grupo T6, ou seja, 19 % de PC e 3000 kcal de EM.

O resultado do ganho de peso corporal indicou que a ração que contém 19 % e 21 % de PC com energia mais elevada obteve um crescimento máximo. O nível mais baixo de proteína e energia teve um desempenho fraco no ganho de peso corporal. Os resultados estão de acordo com as conclusões de Mallik *et al.* (1966), Verma e Pal (1971), uma vez que a energia e as proteínas elevadas tiveram um efeito positivo na taxa de crescimento, o que também foi referido por Sibbald *et al.* (1961), Haque e Agrawal (1975), Sadagopan *et al.* (1971), Reddy *et al.* (1972), Bamgbose (1999) e S.V. Rama Rao (2006).

Rácio de conversão alimentar:

Os resultados da TCA em intervalos semanais e no final de 8th semanas em frangos de carne da estirpe *Vanaraja*, com a respectiva análise de variância, são apresentados no Quadro - 6. A TCA durante 1st semana foi significativamente (P<0,05) influenciada pelo nível de proteína e energia na ração. A FCR variou de $1,18 \pm 0,12$ no T_8 a $1,44 \pm 0,08$ no T_1 na 1st semana, enquanto que o T_8 foi significativamente comparável ao grupo de controlo. O T_1 foi significativamente mais elevado do que os outros grupos de tratamento, variando entre $1,27 \pm 0,19$ e $1,55 \pm 0,15$ em 2nd semanas. T_1 foi significativamente superior ao outro grupo de tratamento, T8 foi comparável ao controlo e T_2, T_3 foram significativamente comparáveis mas superiores ao grupo de controlo (T_9). Em 3rd semana variou de $1,46 \pm 0,08$ em T8 a $1,90 \pm 0,05$ em T_1; $1,67 \pm 0,16$ em T8 a $2,26 \pm 0,09$ em T_1; $1,86 \pm 0,14$ em T8 a $2,52 + 0,16$ em T_1 em 4th e 5th semana, respetivamente. Na 6^{ath} semana, verificou-se que T6 e T8 apresentaram o valor mais baixo, $2,04 \pm 0,13$ e $2,04 \pm 0,09$, respetivamente. Os grupos T6 e T8 não foram significativamente influenciados pela energia e pela proteína. O grupo T_1 apresentou o valor mais elevado, $2,71 \pm 0,18$, e o T_1 foi significativamente superior ao grupo de controlo e aos outros grupos de tratamento. Em 7th semana os valores variaram de $2,13 \pm 0,16$ em T8 a $2,85 \pm 0,13$ em T_1 e de $2,22 \pm 0,21$ em T8 a $2,95 + 0,18$ em T9 em 8th semana.

Durante todo o período experimental, a TCA foi significativamente influenciada pelo tratamento dietético e pelo nível de proteína e energia. A utilização da ração foi significativamente maior em T6 e T8, que foram significativamente semelhantes. Observou-se que o valor da TCA é mais elevado no grupo T_1, 2,96, e foi significativamente superior ao dos outros grupos de tratamento, com uma dieta com 17% de proteínas e 2800 kcal de energia, e o T_2 tem uma TCA comparável à do T_3. Da mesma forma, o valor de FCR de T_4, T7 e T4, T9 não foram significativamente diferentes (P>0,05). O nível de proteína influenciou o valor da TCA e verificou-se que o valor era significativamente mais baixo numa dieta com 19% de proteína do que numa dieta com 17% de proteína.

Os resultados do presente estudo indicam que os pintos alimentados com uma dieta com 19% e 21% de proteína bruta com 3000 kcal de EM/kg utilizaram a ração de forma mais eficiente do que com um nível inferior de proteína e energia na dieta. Assim, obtemos um melhor crescimento na estirpe *Vanaraja* de frangos de carne a 19% de proteína bruta com um custo de alimentação inferior ao da dieta com 21% de proteína. Os resultados obtidos no presente estudo estão de acordo com Fisher e Wilson (1974), Farrel *et al.* (1975) e Malik (1966), Haque e Agrawal (1975), Rama Rao *et al.* (2006).

Índice de desempenho:

Os resultados do índice de desempenho semanal e no final da 8ª semana de idade das aves experimentais são apresentados no Quadro - 7. Foi registada uma tendência semelhante à da FCR no PI. o índice de desempenho variou de $68,39 \pm 0,40$ no $T1$ a $85,73 \pm 0,09$ no T8 na 1ª semana, sendo o $T1$ significativamente inferior aos outros grupos de tratamento e o T8 significativamente superior ao controlo (T9), variando de $62,07 \pm 0,35$ ($T1$) a $77,73 \pm 0,13$ ($T9$); $44,51 \pm 0,35$ ($T1$) a $61,41 \pm 0.24$($T8$), de $35,33 \pm 0,35$ (T1) a $51,55 \pm 0,11$($T8$), de $33,88 \pm 0,14$ ($T1$) a $44,56 \pm 0,11$ ($T6$), de $32,73 \pm 0,32$(T1) a $42,97 \pm 0.07$ ($T8$), de $31,77 \pm 0,39$ a $41,67 \pm 0,08$ ($T6$), de $30,58 \pm 0,42$ a $40,95 \pm 0,08$ ($T6$) na 2ª, 3ª, 4ª, 5ª, 6ª, 7ª e 8ª semanas, respetivamente. A PI ao final da 8ª semana apresentou variação de $33,90 \pm 0,07$ a $45,26 \pm 0,07$ ($T8$). A PI durante todo o período da experiência foi significativamente afetada pelo tratamento dietético de energia e nível de proteína na dieta. Na 1ª, 2ª e 3ª, 4th, 5ª semana, os grupos de tratamento são significativamente diferentes uns dos outros e do controlo. No 6º grupo, os grupos $T6$ e $T8$ são significativamente comparáveis, mas superiores ao controlo. Na 7ª semana, $T2$ e $T3$, T4 e T7 não diferem significativamente entre si, mas são inferiores ao controlo. Na 8ª semana, as PI de T4 e $T7$, T6 e T8 não diferem significativamente entre si, mas T6 e T8 são numericamente e significativamente superiores ao controlo. No final da experiência, as PI dos grupos T6 e T8 foram significativamente (P<0,05) superiores às do grupo de controlo, uma vez que T4 e $T7$, T6 e T8 são comparáveis.

Assim, o estudo indica que a energia e a proteína mais elevadas na dieta provocam uma melhor utilização da ração, proporcional à taxa de crescimento. O resultado obtido também corroborou as conclusões de Combs *et. al* (1956), Sadagopan *et. al.* (1971), Sheriff *et. al.* (1981), Rama Rao et. al. (2006).

Tabela 3. Efeito de diferentes níveis de energia e proteína num consumo médio de ração (g)/ave num intervalo semanal e 8th semana em Vanaraja.

Week	T_1	T_2	T_3	T_4	T_5	T_6	T_7	T_8	T_9
1st	94.74^c ± 1.63	112.00^e ± 2.00	94.40^c ± 4.00	86.78^{ab} ± 1.50	90.86^{abc} ± 0.50	102.00^d ± 2.00	93.00^{bc} ± 1.00	86.00^a ± 2.00	97.50^{cd} ± 1.50
2nd	145.23^{bc} ± 4.78	152.50^c ± 2.50	154.00^c ± 4.00	153.64^c ± 2.00	149.00^{bc} ± 1.00	145.00^{bc} ± 1.00	142.00^{ab} ± 2.00	133.50^a ± 1.50	133.00^a ± 3.00
3rd	277.28^{de} ± 4.72	281.00^e ± 1.00	271.00^{cd} ± 5.00	251.40^b ± 1.00	246.00^b ± 2.00	265.00^c ± 1.00	234.50^a ± 1.50	246.00^b ± 2.00	255.50^b ± 3.50
4th	390.22^e ± 4.90	390.60^e ± 5.00	370.84^d ± 5.00	358.00^{bc} ± 2.00	336.68^a ± 2.00	342.00^a ± 2.00	365.00^{cd} ± 3.00	382.50^e ± 2.50	353.50^b ± 1.50
5th	460.06^{ef} ± 7.94	452.90^{de} ± 2.50	476.28^g ± 5.00	438.00^c ± 2.00	382.00^a ± 2.00	406.50^b ± 1.50	436.28^c ± 2.00	466.66^{fg} ± 2.50	446.00^{cd} ± 2.00
6th	523.00^e ± 5.00	511.00^{cd} ± 1.00	503.74^{bc} ± 3.50	501.50^b ± 1.50	501.00^b ± 1.00	473.50^a ± 2.50	517.50^{de} ± 1.50	554.50^f ± 2.50	513.50^d ± 2.50
7th	583.50^e ± 7.50	578.00^{de} ± 2.00	553.26^b ± 2.50	526.50^a ± 1.50	569.00^{cd} ± 1.00	646.00^g ± 2.00	565.50^c ± 2.50	626.50^f ± 1.50	584.50^e ± 3.50
8th	602.00^e ± 2.00	590.00^{bcd} ± 2.00	543.40^a ± 5.00	595.40^{cd} ± 3.00	597.50^{de} ± 1.50	601.50^e ± 1.50	586.00^{bc} ± 2.00	634.00^f ± 2.00	582.00^b ± 6.00
1 - 8th week	3076.0^e ± 13.67	3068.00^e ± 6.00	2966.92^d ± 1.00	2911.22^b ± 9.50	2872.04^a ± 6.00	2981.50^d ± 1.50	2939.78^c ± 1.50	3129.66^f ± 4.50	2965.50^d ± 5.50

[abcdefg] Valores com diferentes sobrescritos numa linha diferem significativamente (P<0,05)

Tabela 4. Efeito de diferentes níveis de energia e proteína no
peso corporal médio
(g) em intervalos semanais em Vanaraja.

Week	T₁	T₂	T₃	T₄	T₅	T₆	T₇	T₈	T₉
1st	90.80 [a] ± 0.85	93.60 [ab] ± 0.85	95.20 [b] ± 1.16	96.40 [b] ± 0.95	105.48 [d] ± 1.26	110.72 [e] ± 1.18	100.12 [c] ± 1.16	113.04 [e] ± 1.29	111.20 [e] ± 1.31
2nd	181.44 [a] ± 1.63	188.56 [b] ± 2.21	190.76 [b] ± 1.74	197.48 [c] ± 1.21	216.72 [d] ± 2.10	220.16 [de] ± 1.49	200.92 [c] ± 1.54	223.28 [ef] ± 1.12	226.60 [f] ± 2.78
3rd	267.56 [a] ± 1.60	279.36 [b] ± 1.76	294.60 [c] ± 3.05	314.00 [d] ± 2.87	326.16 [e] ± 3.03	348.20 [fg] ± 2.25	322.80 [e] ± 3.54	349.88 [g] ± 2.34	341.00 [f] ± 3.11
4th	358.16 [a] ± 2.34	384.64 [b] ± 2.51	403.80 [c] ± 4.22	421.20 [d] ± 3.89	438.40 [e] ± 3.20	487.40 [g] ± 4.18	436.80 [e] ± 5.47	500.00 [h] ± 5.57	463.20 [f] ± 2.63
5th	511.44 [a] ± 4.83	565.80 [b] ± 4.55	565.04 [b] ± 1.73	572.60 [b] ± 3.59	603.76 [c] ± 4.56	645.40 [e] ± 2.34	575.40 [b] ± 3.39	664.00 [f] ± 5.59	631.92 [d] ± 4.64
6th	685.80 [a] ± 5.97	738.32 [b] ± 3.40	747.60 [b] ± 4.53	763.80 [c] ± 3.32	804.60 [d] ± 3.89	865.80 [fg] ± 2.64	770.40 [c] ± 2.75	900.40 [g] ± 6.26	840.16 [e] ± 5.90
7th	864.80 [a] ± 8.23	925.80 [b] ± 2.67	936.00 [b] ± 5.45	978.60 [c] ± 5.93	1059.88 [d] ± 6.00	1139.20 [f] ± 4.57	976.00 [c] ± 6.38	1167.80 [g] ± 6.00	1104.60 [e] ± 4.02
8th	1036.40 [a] ± 7.78	1065.80 [b] ± 4.91	1109.00 [c] ± 4.74	1149.60 [d] ± 10.32	1246.40 [e] ± 5.16	1394.40 [g] ± 5.72	1147.20 [d] ± 8.94	1403.60 [g] ± 3.91	1302.40 [f] ± 5.39

[abcdefg] Valores com diferentes sobrescritos numa linha diferem significativamente (P<0,05)

Tabela 5. Efeito de diferentes níveis de energia e proteína no ganho médio de peso corporal (g) em intervalos semanais e 8th semanas em Vanaraja.

Week	T_1	T_2	T_3	T_4	T_5	T_6	T_7	T_8	T_9
1st	54.28[a] ± 1.04	56.60[ab] ± 0.80	57.64[ab] ± 1.39	59.28[b] ± 1.04	67.96[d] ± 1.35	72.72[e] ± 1.29	62.76[c] ± 1.25	74.60[e] ± 1.22	72.92[e] ± 1.40
2nd	90.64[a] ± 1.94	94.96[a] ± 2.39	95.56[a] ± 1.81	101.08[b] ± 1.47	111.24[cd] ± 1.82	109.44[c] ± 1.23	100.80[b] ± 1.94	110.24[cd] ± 1.44	115.40[d] ± 2.42
3rd	86.12[a] ± 2.20	90.80[a] ± 2.87	103.84[b] ± 3.19	116.52[cd] ± 2.66	109.44[bc] ± 2.58	128.04[e] ± 2.10	121.88[de] ± 3.55	126.60[e] ± 2.19	114.40[cd] ± 2.60
4th	90.60[a] ± 2.63	105.28[b] ± 3.21	109.20[b] ± 3.59	107.20[b] ± 4.23	112.24[bc] ± 2.93	139.20[d] ± 3.67	114.00[bc] ± 3.92	150.12[e] ± 5.37	122.20[c] ± 3.03
5th	153.28[b] ± 5.04	181.16[d] ± 4.11	161.24[bc] ± 4.12	151.40[ab] ± 5.55	165.36[bc] ± 5.50	158.00[bc] ± 3.33	138.60[a] ± 6.71	164.00[bc] ± 4.13	168.72[cd] ± 3.25
6th	174.36[a] ± 6.07	172.52[a] ± 5.02	182.56[ab] ± 4.02	191.20[bc] ± 4.89	200.84[cd] ± 5.12	220.40[e] ± 2.91	195.00[bcd] ± 4.45	236.40[f] ± 6.34	208.24[de] ± 4.19
7th	179.00[a] ± 8.46	187.48[ab] ± 4.14	188.40[ab] ± 7.70	214.80[c] ± 7.14	255.28[d] ± 4.91	273.40[d] ± 3.66	205.60[bc] ± 6.96	267.40[d] ± 3.60	264.44[d] ± 6.98
8th	171.60[b] ± 10.07	140.00[a] ± 5.14	173.00[b] ± 7.99	171.00[b] ± 10.09	186.52[bc] ± 5.23	255.20[d] ± 4.63	171.20[b] ± 11.62	235.80[d] ± 7.35	197.80[c] ± 5.22
1 - 8th week	999.88[a] ± 7.84	1028.80[b] ± 4.95	1071.44[c] ± 4.67	1112.48[d] ± 10.27	1208.88[e] ± 5.18	1356.40[g] ± 5.68	1109.84[d] ± 8.94	1365.16[g] ± 3.84	1264.12[f] ± 5.31

[abcdefg] Valores com diferentes sobrescritos numa linha diferem significativamente (P<0,05)

Tabela 6. Efeito de diferentes níveis de energia e proteína na FCR em intervalos semanais e 8th semanas em Vanaraja.

Week	T_1	T_2	T_3	T_4	T_5	T_6	T_7	T_8	T_9
1st	1.44[e] ± 0.08	1.42[e] ± 0.12	1.37[d] ± 0.11	1.38[d] ± 0.15	1.26[b] ± 0.21	1.20[a] ± 0.13	1.31[c] ± 0.17	1.18[a] ± 0.12	1.20[a] ± 0.22
2nd	1.55[e] ± 0.15	1.51[d] ± 0.22	1.49[d] ± 0.12	1.43[c] ± 0.16	1.33[b] ± 0.24	1.29[a] ± 0.18	1.42[c] ± 0.23	1.28[a] ± 0.13	1.27[a] ± 0.19
3rd	1.90[h] ± 0.05	1.83[g] ± 0.09	1.78[f] ± 0.14	1.65[e] ± 0.11	1.55[c] ± 0.09	1.46[a] ± 0.15	1.60[d] ± 0.19	1.46[a] ± 0.08	1.51[b] ± 0.12
4th	2.26[g] ± 0.09	2.14[f] ± 0.19	2.08[e] ± 0.12	1.92[d] ± 0.18	1.78[b] ± 0.17	1.67[a] ± 0.08	1.85[c] ± 0.11	1.67[a] ± 0.16	1.78[b] ± 0.07
5th	2.52[f] ± 0.16	2.30[e] ± 0.13	2.31[e] ± 0.17	2.15[d] ± 0.06	1.94[b] ± 0.11	1.88[a] ± 0.15	2.08[c] ± 0.12	1.86[a] ± 0.14	1.96[b] ± 0.09
6th	2.71[f] ± 0.18	2.46[e] ± 0.21	2.48[e] ± 0.13	2.31[d] ± 0.16	2.09[b] ± 0.08	2.04[a] ± 0.13	2.25[c] ± 0.11	2.04[a] ± 0.09	2.10[b] ± 0.12
07th	2.85[g] ± 0.13	2.57[f] ± 0.07	2.60[e] ± 0.12	2.42[d] ± 0.19	2.21[b] ± 0.11	2.14[a] ± 0.23	2.38[c] ± 0.20	2.13[a] ± 0.16	2.22[b] ± 0.18
8th	2.95[e] ± 0.18	2.71[d] ± 0.11	2.70[d] ± 0.16	2.52[c] ± 0.08	2.31[b] ± 0.12	2.21[a] ± 0.14	2.50[c] ± 0.12	2.22[a] ± 0.21	2.31[b] ± 0.14
1 - 8th week	2.96[e] ± 0.08	2.71[d] ± 0.21	2.71[d] ± 0.14	2.52[c] ± 0.13	2.31[b] ± 0.22	2.22[a] ± 0.20	2.51[c] ± 0.15	2.22[a] ± 0.18	2.31[b] ± 0.11

[abcdefg] Os valores com diferentes sobrescritos numa linha diferem significativamente (P<0,05)

Tabela 7. Efeito de diferentes níveis de energia e proteína na PI a
intervalos semanais e 8th semana em Vanaraja.

Week	T_1	T_2	T_3	T_4	T_5	T_6	T_7	T_8	T_9
1st	68.39[a] ± 0.40	71.08[b] ± 0.17	72.34[c] ± 0.21	73.14[d] ± 0.11	79.98[f] ± 0.07	83.96[g] ± 0.08	75.97[e] ± 0.12	85.73[h] ± 0.09	84.31[g] ± 0.07
2nd	62.07[a] ± 0.07	64.82[b] ± 0.23	65.66[c] ± 0.33	67.76[d] ± 0.13	74.34[f] ± 0.12	75.53[g] ± 0.13	68.92[e] ± 0.11	76.56[h] ± 0.09	77.73[I] ± 0.13
3rd	44.51[a] ± 0.38	47.00[b] ± 0.12	48.90[c] ± 0.12	54.78[d] ± 0.12	56.95[ef] ± 0.07	60.67[g] ± 0.20	56.58[e] ± 0.14	61.41[h] ± 0.24	57.30[f] ± 0.085
4th	35.33[a] ± 0.35	38.82[b] ± 0.20	40.01[c] ± 0.11	43.53[d] ± 0.20	46.99[ef] ± 0.05	50.04[g] ± 0.10	45.03[e] ± 0.09	51.55[h] ± 0.11	46.68[f] ± 0.17
5th	33.88[a] ± 0.14	38.16[c] ± 0.17	37.22[b] ± 0.14	39.55[d] ± 0.11	43.96[e] ± 0.05	44.56[f] ± 0.11	39.74[d] ± 0.11	44.43[f] ± 0.07	43.60[e] ± 0.08
6th	32.73[a] ± 0.32	36.56[c] ± 0.30	35.49[b] ± 0.16	37.85[d] ± 0.12	41.50[f] ± 0.15	42.95[g] ± 0.08	38.42[e] ± 0.13	42.97[g] ± 0.07	41.00[f] ± 0.05
7th	31.77[a] ± 0.39	34.81[b] ± 0.21	34.66[b] ± 0.20	37.09[c] ± 0.09	41.09[d] ± 0.12	41.67[e] ± 0.03	36.89[c] ± 0.09	42.05[e] ± 0.08	41.00[d] ± 0.03
8th	30.58[a] ± 0.42	32.50[b] ± 0.36	33.54[c] ± 0.10	35.24[d] ± 0.11	38.44[e] ± 0.11	40.95[f] ± 0.08	34.94[d] ± 0.09	40.74[f] ± 0.08	39.04[e] ± 0.05
1 - 8th week	33.90[a] ± 0.17	36.48[b] ± 0.34	36.98[c] ± 0.09	39.69[d] ± 0.05	43.55[e] ± 0.12	44.98[f] ± 0.05	39.92[d] ± 0.10	45.26[f] ± 0.07	43.61[e] ± 0.11

[abcdefg] Valores com diferentes sobrescritos numa linha diferem significativamente (P<0,05)

48

Fig.1   Efeito da alimentação com diferentes níveis de energia e proteínas no consumo de ração e no peso corporal no intervalo semanal e na 8ª semana em frangos de carne vanaraja.

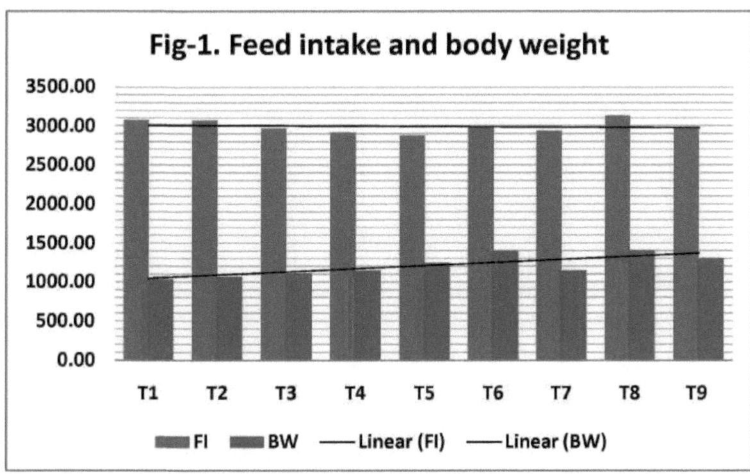

Fig.2   Efeito da alimentação com diferentes níveis de energia e proteína no rácio de conversão alimentar no intervalo semanal e na 8ª semana em frangos de carne vanaraja.

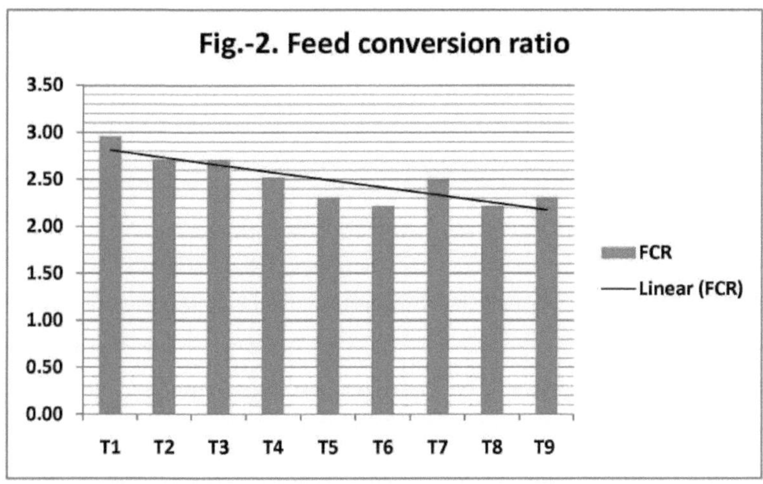

Fig.2 Efeito da alimentação com diferentes níveis de energia e proteínas no índice de desempenho no intervalo semanal e na 8ª semana em frangos de carne vanaraja.

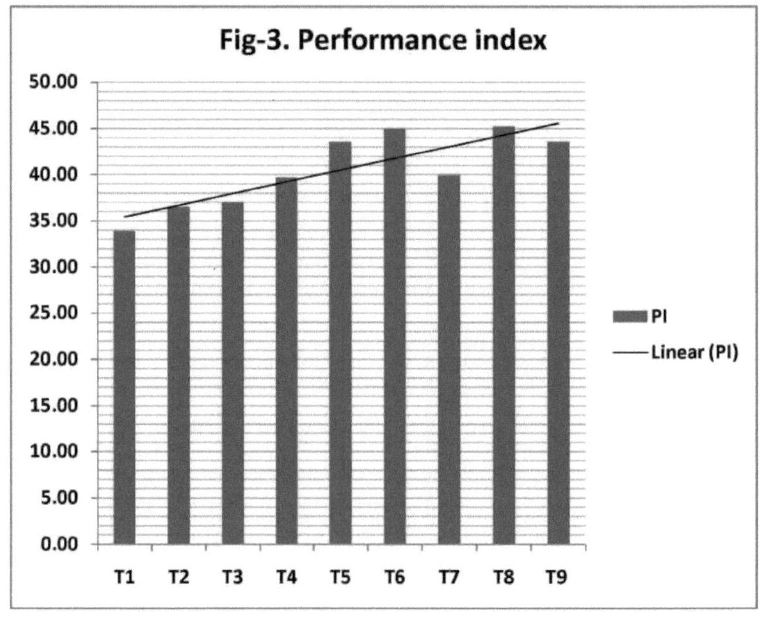

EQUILÍBRIO DE NUTRIENTES

Retenção de azoto:

A percentagem de retenção de azoto na estirpe *Vanaraja* de frangos de carne às 8th semanas de idade é apresentada no quadro - 8. A percentagem de retenção de azoto variou entre $50,56 \pm 0,67$ no grupo T_1 e $54,87 \pm 0,87 \pm 0,67$ no grupo (T9). A análise de variância para o efeito do tratamento na retenção de azoto nos frangos de carne revelou-se significativa (P<0,05), T_1 , T_2 e T_3 são significativamente comparáveis a T_4, T_5, T_6, T9 é numericamente mais elevado do que outros grupos de tratamento, mas não há diferença significativa entre os grupos de tratamento T_4, T_5, T_6, T7 e T8.

A retenção média de azoto foi mais elevada no grupo de controlo (T_9), alimentado com 21% de PC e 2800 kcal de EM e mais baixa no grupo T_1, alimentado com 17% de PC e 2600 kcal de EM/kg de ração. A percentagem de retenção de azoto em T_1, T_2, T_4, T_5, T_6, T7 e T8 foi de 50,90

± 0,88, 50,58 ± 1,53, 57,95 ± 0,73, 53,10 ± 1,02, 53,10 ± 0,88, 54,84 ± 0,29, 54,83 ± 83, respetivamente.

Metabolizabilidade energética:

Os resultados da metabolizabilidade energética média das aves experimentais durante o estudo de equilíbrio são apresentados na Tabela - 8. A análise de variância para a significância (P<0,05), variou de 66,00 no grupo T7 em 0,12 a 71,74 ± 0,66 no grupo T8. A metabolizabilidade da energia no grupo T8 foi a mais elevada, seguida dos grupos T6, T3, T9, T5, T1, T2 e T4. Os resultados mostraram que o efeito da alimentação com diferentes níveis de energia e proteína teve um efeito semelhante na metabolizabilidade da energia.

Retenção de cálcio e fósforo:

Os resultados da percentagem de retenção de cálcio e fósforo à 8ª semana de idade são apresentados no Quadro - 8. A percentagem de retenção de cálcio variou de 51,08 ± 0,90 no grupo T7 a 52,40 ± 0,72 no grupo T5, mas não há diferença significativa entre os grupos de tratamento. Conforme apresentado na mesma tabela, a percentagem de retenção de fósforo variou de 55,26 ± 1,07 no grupo T1 a 57,04 ± 1,19 no grupo T5. Verificou-se durante a experiência que a retenção de fósforo foi numericamente mais elevada no grupo T5 e mais baixa no grupo T1, não havendo diferença significativa entre os diferentes grupos de tratamento.

CARACTERÍSTICAS DA CARCAÇA

A fim de observar o efeito da alimentação com diferentes níveis de energia e de proteínas nas características da carcaça, como a percentagem de preparação, a percentagem de evisceração, a percentagem de miudezas e o peso relativo dos órgãos linfóides, também foram estudados.

Percentagem de cobertura:

A percentagem de peso dos frangos de carne alimentados com diferentes níveis de energia e proteína no presente estudo é apresentada no Quadro - 9. A percentagem de peso dos diferentes grupos de tratamento variou entre 67,44 ± 0,31 no grupo T4 e 71,03 ± 0,65 no controlo. A percentagem de cobertura foi numericamente mais elevada no grupo T8 alimentado com uma dieta com 21% CP 3000 kcal ME/kg, mas foi significativamente comparável ao grupo T6 alimentado com 19% CP 3000 kcal ME/kg e ao controlo. À medida que o nível de proteína e energia na dieta aumentava, a percentagem de cobertura também aumentava.

Percentagem eviscerada:

A percentagem de evisceração de frangos de carne alimentados com diferentes níveis de energia e proteína no presente estudo é apresentada no Quadro 9. A média da percentagem eviscerada, que varia entre 60,90 e 68,70, foi significativamente influenciada pelo concatenado de energia na dieta em cada nível de proteína, o que reflecte uma maior percentagem eviscerada.

Percentagem de miudezas:

A percentagem de miudezas dos frangos de carne alimentados com diferentes níveis de energia e proteína no presente estudo é apresentada no Quadro 9. O peso da miudeza dos diferentes grupos de tratamento variou entre $4,72 \pm 0,15$ no grupo T_4 e $6,62 \pm 3,32$ no grupo T8. Na análise estatística, verificou-se que a percentagem de miudezas foi significativamente influenciada pelos diferentes níveis de energia e proteína da dieta. A percentagem de miudezas foi mais baixa no grupo T4 e é significativamente comparável à do grupo T5. A percentagem de miúdos do grupo T6, alimentado com 19 % de proteínas e 3000 kcal EM/kg, é significativamente comparável à do controlo.

Baço e Bursa:

O peso dos órgãos linfóides, ou seja, do baço e da bursa, não foi influenciado pela concentração de proteínas e energia da dieta. O peso da bursa e do baço do grupo T6 é significativamente comparável ao do controlo.

Gordura abdominal:

A gordura abdominal média varia entre 3,97 e 1,28. Não há diferenças significativas entre T7, T8 e o grupo de controlo, mas o grupo T6 tem uma gordura abdominal significativamente mais elevada do que os outros grupos de tratamento.

Intestino:

O peso relativo do intestino foi significativamente mais elevado ($P<0,05$) nas aves alimentadas com 21% de PC e foi comparável aos grupos T7 e T3

Fígado:

O peso relativo do fígado é significativamente afetado com diferentes níveis de proteína e energia na dieta. O valor do grupo T6 foi significativamente comparável ao dos grupos T7, T8 e de controlo.

O peso do baço e da bursa não foi influenciado pela concentração de proteínas da dieta. O peso relativo da moela, do intestino grosso e da gordura abdominal foi significativamente mais elevado (P<0,05) nas aves alimentadas com 17 % de PC na dieta, em comparação com os outros grupos dietéticos. Embora o peso relativo do fígado tenha sido significativamente afetado, a tendência não foi claramente evidente para atribuir a alteração ao efeito do tratamento. O teor mais elevado de gordura abdominal nas aves alimentadas com 17 % de PC na dieta pode dever-se a uma maior relação entre a EM e a ração de PC. Em comparação com as aves alimentadas com outros níveis de proteínas. Sabe-se que a diminuição das proteínas da dieta (Sterling *et al.*, 2000) aumenta a deposição de gordura corporal nos frangos devido ao efeito estimulador da lipogénese hepática. O peso relativo mais elevado da moela e do intestino das aves alimentadas com uma dieta menos proteica pode dever-se a uma maior atividade física dos órgãos digestivos. Num esforço para digerir e absorver os nutrientes de forma a satisfazer plenamente as necessidades. Já foram registadas alterações semelhantes na estrutura e função de diferentes órgãos viscerais devido à alimentação de frangos de carne com dietas pobres em nutrientes e ricas em fibras (Dibner *et al.*, 1996, S.V. Rama Rao *et al.*, 2006, 2005).

Tabela 8. Efeito de diferentes níveis de energia e de proteínas na retenção de azoto, na metabolizabilidade da energia, na retenção de cálcio e na percentagem de retenção de fósforo às 8th semanas em Vanaraja.

Attributes	T_1	T_2	T_3	T_4	T_5	T_6	T_7	T_8	T_9
Nitrogen Retention %	50.56 [a] ± 0.67	50.90 [a] ± 0.88	50.58 [a] ± 1.53	52.95[ab] ± 0.73	53.10[ab] ± 1.02	53.10[ab] ± 0.88	54.84 [b] ± 0.29	54.83 [b] ± 0.49	54.87 [b] ± 0.75
Energy Metabolizability %	66.77[ab] ± 1.89	69.06[bc] ± 0.83	70.67 [c] ± 0.45	65.76 [a] ± 0.43	69.64 [c] ± 0.47	71.47 [c] ± 0.81	66.00 [a] ± 0.12	71.74 [c] ± 0.66	70.22 [c] ± 0.10
Calcium Retention %	51.39 [a] ± 1.06	51.59 [a] ± 0.30	51.95[a] ± 1.18	52.22[a] ± 0.33	52.40[a] ± 0.72	52.14[a] ± 1.05	51.08[a] ± 0.90	52.55[a] ± 0.90	51.99[a] ± 0.13
Phosphorus Retention %	55.26 [a] ± 1.07	55.62 [a] ± 0.50	56.14 [a] ± 0.73	55.72 [a] ± 1.40	57.04 [a] ± 1.19	56.48 [a] ± 1.50	55.39 [a] ± 1.50	56.27 [a] ± 1.29	56.99 [a] ± 1.12

[abc] Os valores com sobrescritos diferentes numa linha diferem significativamente (P<0,05)

Tabela 9. Efeito de diferentes níveis de energia e proteína nas características da carcaça na 8^{ath} semana em Vanaraja.

Attributes	T_1	T_2	T_3	T_4	T_5	T_6	T_7	T_8	T_9
Liver	3.63 [d] ± 0.19	2.29 [b] ± 0.11	2.73 [c] ± 0.11	2.23 [b] ± 0.06	1.20 [a] ± 0.09	2.42 [bc] ± 0.04	2.30 [b] ± 0.03	2.43 [bc] ± 0.07	2.65 [c] ± 0.07
Gizard	2.16 [abc] ± 0.10	2.52 [e] ± 0.11	2.24 [bcd] ± 0.13	2.13 [abc] ± 0.07	1.97 [a] ± 0.09	2.06 [ab] ± 0.14	2.29 [cd] ± 0.11	2.44 [de] ± 0.08	2.23 [bcd] ± 0.12
Intestine	5.52 [a] ± 0.18	6.87 [c] ± 0.14	8.43 [f] ± 0.24	7.51 [d] ± 0.14	6.06 [b] ± 0.04	6.57 [c] ± 0.08	8.54 [f] ± 0.15	8.78 [f] ± 0.17	7.99 [e] ± 0.07
Abdominal Fat	2.52 [b] ± 0.19	2.18 [b] ± 0.07	2.51 [b] ± 0.17	1.38 [a] ± 0.16	3.97 [c] ± 0.08	3.66 [c] ± 0.12	1.35 [a] ± 0.22	1.28 [a] ± 0.12	1.63 [a] ± 0.15
Spleen	0.30 [bc] ± 0.14	0.32 [c] ± 0.21	0.33 [c] ± 0.13	0.23 [a] ± 0.11	0.24 [ab] ± 0.21	0.24 [ab] ± 0.14	0.37 [c] ± 0.13	0.21 [a] ± 0.18	0.30 [bc] ± 0.22
Bursa	0.31 [cd] ± 0.13	0.23 [b] ± 0.11	0.24 [b] ± 0.20	0.32 [d] ± 0.14	0.15 [a] ± 0.21	0.27 [bc] ± 0.18	0.30 [cd] ± 0.12	0.23 [b] ±0.08	0.25 [b] ± 0.11
Giblet	6.35 [cd] ± 0.08	5.55 [abc] ± 0.15	5.47 [abc] ± 0.14	4.72 [a] ± 0.15	4.74 [a] ± 0.10	4.98 [ab] ± 0.08	6.01 [bcd] ± 0.18	6.62 [d] ± 0.32	5.71 [abcd] ± 0.17
Dressing %	68.56 [ab] ± 0.55	69.22 [abcd] ± 0.32	68.26 [a] ± 0.09	67.44 [a] ± 0.31	70.45 [bcd] ± 0.40	70.64 [cd] ± 0.37	68.72 [abc] ± 0.65	71.03 [d] ± 1.05	70.63 [cd] ± 0.93
Evicerated %	68.70 [d] ± 0.63	62.50 [b] ± 0.55	64.56 [c] ± 0.23	63.91 [c] ± 0.20	64.42 [c] ± 0.39	60.90 [a] ± 0.56	64.48 [c] ± 0.27	64.66 [c] ± 0.49	63.53 [bc] ± 0.46

[abcd] Os valores com sobrescritos diferentes numa linha diferem significativamente (P<0,05)

PARÂMETROS BIOQUÍMICOS SANGUÍNEOS

No âmbito deste parâmetro, foram estudados a hemoglobina, o PCV, a glucose sérica, as proteínas totais, o BUN, o SGOT, o SGPT, o colesterol total, o HDL e os triglicéridos das aves experimentais.

Hemoglobina no sangue:

O resultado do nível de hemoglobina no soro na 8ª semana de idade em frangos de corte *Vanaraja* é apresentado na Tabela - 11. O nível médio de hemoglobina no soro variou de 11,21 ± 0,24 a gm/dl no grupo T2 a 12,02 ± 0,59gm/dl no T8. A análise estatística do efeito do tratamento sobre o nível de hemoglobina nas aves não revelou diferenças significativas. O nível médio de hemoglobina nos grupos T1, T3, T4, T5, T6, T7 e T9 foi de 11,31 ± 0,38, 11,77 ± 0,52, 11,52 ± 0,43, 11,54 ± 0,39, 11,50 ± 0,37, 11,45 ± 0,46 e 12,01 ± 0,54, respetivamente, T1, T3, T4, T5, T6 e T7, valores numericamente inferiores aos do controlo, mas sem diferenças significativas.

Volume celular compactado (PCV):

O resultado do nível de PCV do soro na 8ª semana na estirpe *Vanaraja* de frangos de carne é apresentado no Quadro -11. O nível médio de PCV no sangue variou entre $24,26 \pm 0,8$ no grupo T1 e $26,68 \pm 0,56$ no grupo T8. T1, T2, T3 não diferem significativamente entre si, mas são comparáveis aos grupos de tratamento T_4, T_5, T_6. O grupo T_8 apresentou um valor numérico mais elevado, mas significativamente comparável ao controlo.

Glicose sérica:

O nível médio de glucose variou entre $139,53 \pm 2,98$ mg/dl no grupo T1 e $165 \pm 58 \pm 2,85$ mg/dl no grupo T8 (Tabela -11). T1 e T2 não diferem significativamente. T8 apresenta um valor numérico mais elevado do que o controlo, mas não há diferença significativa.

Proteína total:

O nível médio de proteínas totais variou entre $3,61 \pm 0,23$ mg/dl no grupo T1 e $4,80 \pm 0,28$ mg/dl no grupo T6. O nível médio de proteínas totais foi mais elevado no grupo T6, que não difere significativamente do grupo T4, T5, T7, T8 e do grupo de controlo. Os grupos T1, T2, T3 e T4 são significativamente comparáveis.

Azoto ureico no sangue:

A média de BUN variou entre $3,11 \pm 0,2$ em T1 e $4,26 \pm 0,16$ em T8. Durante todo o período da experiência, verificou-se que T_1, T_2, T_3 não apresentaram qualquer diferença significativa, mas foram inferiores ao controlo. T4, T5, T6, T7, T8 diferem numericamente, mas significativamente não há diferença.

SGOT:

O resultado do nível de SGOT do soro à 8ª semana na estirpe *Vanaraja* de frangos de carne é apresentado no quadro nº 11. Verificou-se que o SGOT nos diferentes grupos variava entre $128,81 \pm 1,75$ mg/dl no grupo T3 alimentado com 17 % CP e 3000 kcal ME/kg e $161,96 \pm 2,07$ no grupo T8 alimentado com uma dieta com 21 % CP 3000 kcal/ME. O nível de SGOT em T1, T2 e T3 é significativamente semelhante, mas inferior ao do controlo.

SGPT:

O resultado do nível sérico de SGPT na 8.ª semana na estirpe *Vanaraja* de frangos de carne é apresentado no Quadro - 11. O SGPT variou de 12,28 ± 0,53 no grupo T2 alimentado com 17 % CP 2800 kcal/ME a 18,89 ± 0,57 no grupo T8 alimentado com 21% CP e 3000 kcal ME/kg. A análise estática do efeito da alimentação com diferentes níveis de energia e proteína no SGPT revelou-se significativa (P<0,05). Os níveis de SGPT nos grupos T1, T2, T3, T4 e T5 são significativamente comparáveis. O grupo T8 apresenta o valor mais elevado de SGPT entre os diferentes grupos, mas é significativamente comparável ao controlo.

Colesterol:

O resultado do nível de colesterol total do soro na 8ª semana na estirpe *Vanaraja* de frangos de carne é apresentado na Tabela -11. Verificou-se que o colesterol total entre os diferentes grupos variou de 99,45 ± 5,17 mg/dl no grupo T1 alimentado com uma dieta contendo 17 % CP 2600 kcal/ME a 129,39 ± 3,72 no grupo T8 alimentado com uma dieta de 21 % CP e 3000 kcal ME. A análise estatística do efeito da alimentação com diferentes níveis de energia e proteína sobre o nível de colesterol foi significativa (P<0,05) e o nível de colesterol nos grupos T2, T3, T4, T5, T6, T7 e T9 foi de 104,68±6,13, 117,85±5,38, 100,51±7,20, 115,73±6,60, 124,98±4,36, 110,80±5,03, 117,02±4,59, mg/dl, respetivamente. O resultado mostra que o nível de colesterol total aumenta à medida que o nível de energia aumenta com a proteína correspondente. Na análise estatística, T1, T2, T4, T5 e T7 são significativamente comparáveis. T6 e T8 são significativamente comparáveis mas superiores ao grupo de controlo.

Triglicéridos:

O resultado do nível de triglicéridos totais do soro à 8ª semana na estirpe *Vanaraja* de frangos de carne é apresentado no Quadro - 11. Verificou-se que os triglicéridos totais nos diferentes grupos variaram entre 80,29 ± 3,91 no grupo T2 e 106,90 ± 2,31 no grupo T8, que é alimentado com uma dieta que contém 21 % de PC e 3000 kcal de EM/kg e é significativamente superior ao controlo. Na análise estática da variância, não há diferenças significativas entre os diferentes grupos de tratamento, exceto o T8.

HDL:

O nível médio de HDL variou de 41,21 ± 0,96 no grupo T4 (Tabela - 11), alimentado com uma dieta contendo 19 % de PC e 2600 kcal EM/kg, a 54,13 ± 1,35 no grupo T8, alimentado com uma dieta contendo 21 % de PC e 3000 kcal EM/kg. T1, T2, T3, T4 e T7 são significativamente (P<0,05) comparáveis ao controlo, enquanto T8 é significativamente superior ao controlo.

LDL:

O resultado do nível de LDL no soro na 8ª semana de idade em frangos de corte é apresentado na Tabela - 11. O nível médio de LDL no soro variou de 39,28 ± 5,25 no grupo T1 alimentado com uma dieta contendo 17 % de PC e 2800 kcal EM/kg a 55,33 ± 4018 no grupo T6 alimentado com uma dieta contendo 19 % de PC e 3000 kcal EM/kg. Na análise estatística, verificou-se que não há diferença significativa entre os diferentes grupos de tratamento.

VLDL:

O resultado do nível sérico de VLDL na 8.ª semana na estirpe *Vanaraja* de frangos de carne é apresentado no quadro 11. A média de VLDL variou de 16,06 ± 0,78 no T2, alimentado com uma dieta contendo 17 % CP 2800 kcal ME/kg, a 21,38 ± 0,46 no grupo T8, alimentado com uma dieta contendo 21 % CP e 3000 kcal ME/kg. Na análise estatística, verificou-se que não há diferença significativa (P<0,05) entre os diferentes grupos de tratamento.

Tabela-10: Efeito de diferentes níveis de energia e proteína nos parâmetros séricos às 8th semanas em Vanaraja.

Attributes	T_1	T_2	T_3	T_4	T_5	T_6	T_7	T_8	T_9
Glucose	139.53[a] ± 2.98	146.14[a] ± 3.03	148.32[bc] ± 2.69	152.18[bcd] ± 2.07	155.61[cd] ± 3.13	156.97[d] ± 2.17	153.48[bcd] ± 2.39	165.58[e] ± 2.21	164.93[e] ± 2.47
Total Protein	3.64[a] ± 0.23	3.82[ab] ± 0.21	3.70[a] ± 0.26	4.25[abc] ± 0.33	4.75[c] ± 0.27	4.80[c] ± 0.28	4.69[c] ± 0.30	4.70[c] ± 0.30	4.63[bc] ± 0.27
BUN	3.11[a] ± 0.20	3.32[a] ± 0.21	3.42[a] ± 0.20	4.04[b] ± 0.19	3.98[b] ± 0.24	3.99[b] ± 0.16	4.19[b] ± 0.13	4.26[b] ± 0.16	4.22[b] ± 0.09
SGOT	130.52[a] ± 2.29	131.65[a] ± 2.47	128.81[a] ± 1.75	140.71[b] ± 1.24	143.53[bc] ± 1.49	144.39[bc] ± 1.51	147.23[c] ± 2.37	161.96[d] ± 2.07	157.08[d] ± 2.37
SGPT	12.32[a] ± 0.56	12.28[a] ± 0.53	12.55[ab] ± 0.57	13.80[ab] ± 0.45	13.39[ab] ± 0.49	14.11[b] ± 0.19	16.04[c] ± 0.79	18.89[d] ± 0.57	18.06[d] ± 0.71
Cholesterol	99.45[a] ± 5.17	104.68[ab] ± 6.13	117.85[bcd] ± 5.38	100.51[ab] ± 7.20	115.73[abcd] ± 6.60	124.98[cd] ± 4.36	110.80[abc] ± 5.03	129.39[d] ± 3.72	117.02[bcd] ± 4.59
Triglyceride	89.52[a] ± 2.32	80.29[a] ± 3.91	104.80[b] ± 2.11	86.09[a] ± 6.68	82.34[a] ± 4.15	92.92[a] ± 3.51	87.63[a] ± 4.20	106.90[b] ± 2.31	87.61[a] ± 3.66
HDL	42.27[ab] ± 1.22	42.04[ab] ± 1.49	46.42[bc] ± 1.39	41.21[a] ± 0.96	47.99[cd] ± 1.78	51.07[de] ± 2.12	42.23[ab] ± 0.75	54.13[e] ± 1.35	45.25[abc] ± 1.46
LDL	39.28[a] ± 5.25	46.58[a] ± 5.07	50.47[a] ± 5.09	42.08[a] ± 7.13	51.27[a] ± 7.07	55.33[a] ± 4.18	51.05[a] ± 4.74	53.88[a] ± 3.12	54.25[a] ± 5.17
VLDL	17.91[a] ± 0.46	16.06[a] ± 0.78	20.96[b] ± 0.42	17.22[a] ± 1.34	16.47[a] ± 0.83	18.59[a] ± 0.70	17.53[a] ± 0.84	21.38[b] ± 0.46	17.53[a] ± 0.73

[abcde] Valores com diferentes sobrescritos numa linha diferem significativamente (P<0,05)

Tabela-11: Efeito de diferentes níveis de energia e proteína nos parâmetros sanguíneos às 8th semanas em Vanaraja.

	T_1	T_2	T_3	T_4	T_5	T_6	T_7	T_8	T_9
Haemoglobin	11.31[a] ± 0.38	11.21[a] ± 0.24	11.77[a] ± 0.52	11.52[a] ± 0.43	11.54[a] ± 0.39	11.50[a] ± 0.37	11.45[a] ± 0.46	12.02[a] ± 0.59	12.01[a] ± 0.54
PCV	24.26[a] ± 0.68	24.33[a] ± 0.60	24.46[a] ± 0.54	24.87[ab] ± 0.22	24.98[ab] ± 0.37	25.63[abc] ± 0.26	26.23[bc] ± 0.59	26.68[c] ± 0.56	25.99[bc] ± 0.26

[abcde] Valores com diferentes sobrescritos numa linha diferem significativamente (P<0,05)

Para avaliar o estado imunitário dos frangos de carne *Vanaraja*, as amostras de soro foram submetidas ao teste de inibição da hemaglutinação aos 7, 14, 21 e 28 dias de idade. A resposta imunitária à vacina contra a doença de Ranikhet (estirpe F) devido à variação da energia proteica da dieta é apresentada no Quadro - 12. O título de anticorpos para todas as observações variou entre 0,5 log 2e 5,0 log $_2$. Durante todo o período experimental, observou-se que o título de anticorpos do grupo T6 alimentado com 19% CP, 3000 kcal ME/kg contendo dieta foi mais elevado, mas significativamente não há diferença entre o grupo T8 e o controlo. Registou-se um aumento gradual do título de anticorpos contra o NDV à medida que o nível de proteína e energia aumentava. A experiência durante um período de 4th semanas revelou que a ave do grupo T6 tinha um valor de título mais elevado do que os outros grupos de tratamento, mas numericamente é comparável ao grupo T8 e ao grupo de controlo. As amostras de soro foram submetidas ao teste de precipitação em gel de ágar (AGPT), uma banda de precipitina no gel inferiu sobre a conversão de anticorpos à vacina contra o IBDV.

Para estimar os títulos de anticorpos contra a vacina viva do vírus da doença de New Castle (NDV), utilizou-se a resposta imunitária humoral das galinhas com diferentes níveis de proteína e energia. A resposta imunitária à vacina contra a doença de Ranikhet (F-straitn) devido à variação da proteína alimentar e da energia é apresentada no Quadro 12. A leitura do quadro revela que se registou uma tendência crescente do título de anticorpos contra o vírus da doença de Ranikhet até aos 28 dias de idade. Além disso, o grupo T6 apresentou o título mais elevado durante todo o período de observação, ao passo que o grupo T2 apresentou o valor correspondente mais baixo. Em geral, verificou-se um aumento significativo da seroconversão em todos os grupos de tratamento, em comparação com o controlo, exceto nos grupos T_1 e T_2. Os grupos (T_3, T , T_{45} , T_6 , T , T_{78}) que receberam uma combinação de proteínas de maior energia também atingiram um título de anticorpos mais elevado, em comparação com o controlo (T9). No entanto, os grupos T1 e T2 que receberam comparativamente menos proteína e energia apresentaram um título de anticorpos relativamente mais baixo. Golian *et al.* (2010) não observaram qualquer alteração significativa no título de anticorpos devido à alimentação com uma dieta de baixa energia. Observou ainda que uma dieta energética rica em proteínas provoca um crescimento rápido e, consequentemente, uma diminuição da resposta imunitária. O resultado foi contraditório com o resultado do presente estudo. Enting *et al.* (2007), no entanto, mostraram que houve um aumento da resposta imunitária dependendo da idade da reprodutora e do peso do ovo. Especula-se que o melhor ganho de peso corporal corrobora a saúde e o título de anticorpos. Além disso, a melhor resposta imunitária registada no estudo pode dever-se a uma melhor utilização dos nutrientes e à sua extensão para uma melhor resposta imunitária.

ECONOMIA DA PRODUÇÃO

A economia influenciada por diferentes níveis de proteína e energia é apresentada no Quadro - 13. O custo total dos factores de produção por ave foi calculado com base no custo total da ração e no custo dos pintos, dos medicamentos e de outros factores diversos. O custo da ração experimental aumentou à medida que o nível de proteínas e de energia aumentou na dieta. No entanto, quando se considerou o custo da ração por kg de ganho de peso vivo, verificou-se que o custo era máximo no grupo T6, que foi alimentado com uma dieta com 19 % de PC e 3000 kcal de EM/kg, e mínimo no grupo T1, que foi alimentado com 17 % de PC e 2600 kcal de EM. O lucro líquido por ave também foi maior no grupo T6 e menor no grupo T1.

Os resultados económicos também indicaram que a margem de lucro foi maior na ração com 19% de proteína bruta e 3000 kcal de EM/kg do que noutros níveis de energia proteica da dieta. Não foram comunicados trabalhos anteriores relacionados com a produção económica com interação de proteínas energéticas em frangos de carne da estirpe Vanaraja. No entanto, S.V. Rama Rao *et al* (2006) verificaram que obtiveram uma maior margem de lucro numa ração com 16% de proteína bruta.

Tabela 12. Resposta imunitária à vacina contra a doença de Ranikhet (F-starin) devido à variação da proteína-energia da dieta

Days Post IBD Vaccination	T₁	T₂	T₃	T₄	T₅	T₆	T₇	T₈	T₉
7th	0.00	0.00	0.00	0.00	0.00	0.00	0.00	0.00	0.00
14th	1.50 [b] ± 0.34	0.67 [a] ± 0.21	0.83 [ab] ± 0.17	0.83 [ab] ± 0.17	0.50 [a] ± 0.22	0.83 [ab] ± 0.17	0.67 [a] ± 0.21	0.67 [a] ± 0.21	0.50 [a] ± 0.22
21st	2.00 [ab] ± 0.26	1.67 [a] ± 0.21	2.67 [bc] ± 0.21	2.67 [bc] ± 0.21	2.83 [cd] ± 0.17	3.50 [d] ± 0.22	3.33 [cd] ± 0.21	3.17 [cd] ± 0.31	3.33 [cd] ± 0.21
28th	3.33 [a] ± 0.33	2.83 [a] ± 0.17	4.33 [b] ± 0.21	4.33 [b] ± 0.21	4.50 [b] ± 0.22	5.00 [b] ± 0.26	4.67 [b] ± 0.21	4.83 [b] ± 0.17	4.67 [b] ± 0.21

[abcd] Os valores com diferentes sobrescritos numa linha diferem significativamente (P<0,05)

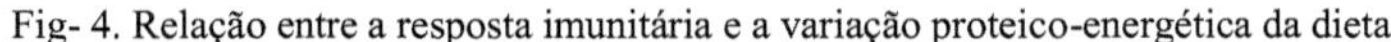

Fig- 4. Relação entre a resposta imunitária e a variação proteico-energética da dieta

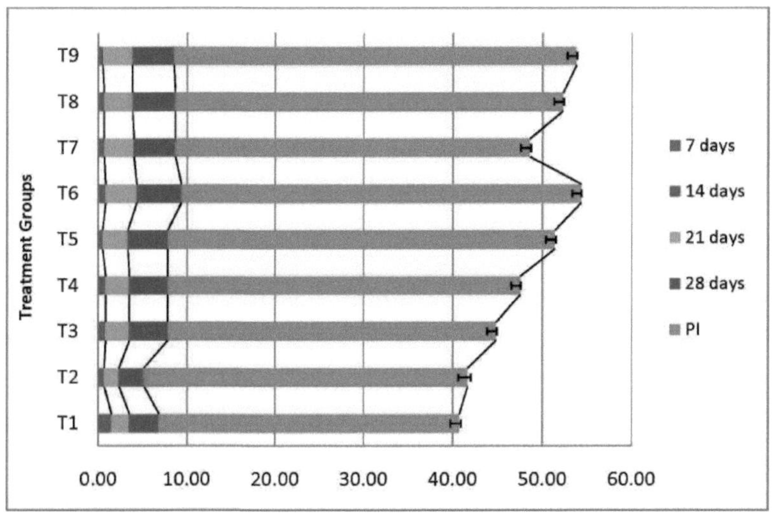

Tabela 13. Economia influenciada por diferentes tratamentos dietéticos

Attributes	T_1	T_2	T_3	T_4	T_5	T_6	T_7	T_8	T_9
Feed cost/kg ration (Rs.)	18	18.50	19.0	20.0	21.0	22.20	23.40	23.5	25.00
Cost of ration consumed (Rs.)	30.80	32.10	34.15	36.50	37.0	38.50	39.60	41.10	44.10
Total feed cost (Rs.)	30.80	32.10	34.15	36.50	37.0	38.50	39.60	41.10	44.10
Cost of Chicks + Medicines+ Misc. cc(Rs.)	43.50	43.50	43.50	43.5	43.5	43.5	43.5	43.5	43.5
Total cost (Rs.)	74.30	75.60	77.65	80.0	80.5	82.0	83.1	84.60	87.60
Average live weight of broiler bird (kg.)	0.999	1.028	1.071	1.112	1.028	1.356	1.109	1.265	1.364
Market price of bird (Rs.) at the rate of Rs. 100/-	99.9	102.8	107.1	111.2	120.8	135.6	110.9	126.5	136.4
Net profit/bird (Rs.)	25.6	27.2	29.45	31.2	40.30	53.6	27.8	41.9	48.8
Profit/kg live weight (Rs.)	25.85	26.45	27.49	28.05	33.36	39.52	25.06	33.12	35.7

CAPÍTULO: 5

RESUMO E CONCLUSÃO

No cenário atual, a agricultura está a ganhar força com o ritmo acelerado de desenvolvimento nos nossos países e cerca de 67% da população depende da agricultura e de outros sectores para a sua subsistência, pelo que a avicultura promete uma grande oportunidade para mitigar o desafio da pobreza. Alívio, capacitação das mulheres, geração de rendimentos, geração de emprego, melhoria do nível de vida, emprego para mulheres não qualificadas, analfabetas, agricultores sem terra, pequenos agricultores, trabalhadores e, em tudo isto, *a* estirpe *Vanaraja* de frangos de carne é muito útil. *A Vanaraja* é uma galinha de dupla finalidade desenvolvida na Direção de Projectos de Aves de Capoeira, Hyderabad, e pode crescer bem em condições de quintal/exploração livre com poucos factores de produção. O lucro líquido para o agricultor é também mais elevado porque o principal fator da ave criada é a sua ração. Cerca de 2/3 das despesas com a alimentação das aves de capoeira e, como sabemos que os dois componentes essenciais da ração das aves de capoeira são as proteínas e a energia, cerca de 90% do custo total da ração depende do nível de energia e de proteínas da ração.

Assim, o presente estudo foi planeado para investigar o efeito da alimentação com diferentes níveis de energia e proteína na dieta sobre o desempenho dos frangos de carne *Vanaraja*. O estudo de investigação completo consistiu em 9 grupos de tratamento. A dieta experimental foi formulada com três níveis de proteína, ou seja, 17 %, 19 %, 21 % cada, com três níveis de energia, 2600, 2800, 3000 kcal ME/kg, num arranjo fatorial 3x3. Todos os procedimentos de maneio foram uniformizados para todas as aves. Neste estudo, foram observados diferentes parâmetros, como o consumo de ração, o ganho de peso corporal, o rácio de conversão alimentar, o índice de desempenho, o perfil do soro sanguíneo, a resposta imunitária dos frangos de carne e a qualidade da carcaça, respetivamente. Esta experiência foi efectuada durante 56 dias com 540 aves.

PARÂMETRO DE CRESCIMENTO

Consumo de ração: Foi observada uma boa flutuação no consumo de ração em cada semana entre os diferentes grupos de tratamento. No total, após 8th semanas, o consumo médio de ração em T5 (2872,04 g) foi significativamente (P<0,05) inferior ao dos grupos T1, T2, T3, T4, T6, T7, T8, T9, enquanto o valor do grupo T8 (3129,66 g) foi o mais elevado (P<0,05) entre os diferentes grupos.

Peso corporal: O peso corporal médio dos frangos de carne foi considerado altamente significativo (P<0,05). Durante a experiência, foi observada uma tendência definitiva no peso corporal dos diferentes grupos de tratamento. À medida que o nível de proteína e energia aumenta, o peso corporal aumenta. Às 8th semanas de idade, o grupo T8 tinha um peso corporal mais elevado, mas não se registaram diferenças significativas entre os grupos T6 e T8.

Ganho de peso corporal: O ganho médio de peso corporal ao fim de 1st semana de idade foi mais elevado no grupo T8, alimentado com uma dieta com 21% de PC e 3000 kcal EM/kg, mas não houve diferença significativa no ganho de peso corporal do grupo T6, alimentado com 19% de PC e 3000 kcal EM/kg, e do controlo. O ganho de peso corporal no grupo T9 foi mais elevado, mas não se registou qualquer diferença significativa em relação ao grupo T8. Numérica e significativamente, o grupo T1 apresentou um ganho de peso corporal inferior na 2.ª semana[nd] . O ganho médio de peso corporal ao fim de 3rd semanas de idade foi mais elevado no grupo T6 que recebeu uma dieta com 19 % de PC 3000 kcal ME/kg de energia. Na 4th semana, o ganho de peso corporal foi significativo (P<0,05) entre os diferentes grupos de tratamento. Não se verificaram diferenças significativas no ganho de peso corporal dos grupos T6, T8 e de controlo às 5th semanas de idade. Na 6[ath] semana, o ganho de peso corporal do grupo T6 foi significativamente comparável ao do grupo de controlo, ao passo que não foram observadas diferenças significativas entre os grupos T6 e T8 nas 7[ath] e 8[ath] semanas de idade. Durante as 1 a 8 semanas, o ganho de peso corporal foi mais elevado no grupo T8, alimentado com 21 % de PC e 3000 kcal EM/kg, mas não se registaram diferenças significativas em relação ao grupo T6, alimentado com 19 % de PC e 3000 kcal EM/kg. O nível de proteína e energia exerceu um efeito significativo (P<0,05) no ganho de peso corporal, mas 19 % e 21 % de proteína, bem como 3000 kcal EM/kg, tiveram um efeito semelhante e significativamente mais elevado do que 17 % e 2600 kcal EM/kg de dieta.

Rácio de conversão alimentar (FCR): O rácio de conversão alimentar dos frangos de carne foi considerado altamente significativo (P<0,05) em todas as semanas da experiência. Durante todo o período experimental de 1 a 8th semanas de idade, o valor da FCR variou entre 2,22 e 2,96 e foi significativamente afetado pelo tratamento dietético e pelo nível de proteína e energia. Os pintos alimentados com uma dieta com 19% CP e 3000 kcal ME/kg de energia utilizaram a ração de forma mais eficiente e tiveram um valor de FCR comparável ao dos pintos alimentados com uma dieta com 21% CP e 3000 kcal ME/kg de energia. Um nível elevado de proteínas e de energia reflectiu um valor mais baixo de FCR.

Índice de desempenho (PI): O índice de desempenho dos pintos foi significativamente (P<0,05) influenciado pelos tratamentos dietéticos e pelo nível de proteína e energia em todas as semanas da experiência. O IP durante todo o período experimental de 1 a 8 semanas foi significativamente influenciado pelo nível de proteína e energia do tratamento dietético. Obteve-se um valor de índice significativamente (P<0,05) mais elevado (44,98) nos frangos de carne *Vanaraja* alimentados com uma dieta com 19% de PC e 3000 kcal de EM/kg e que não diferiu significativamente do grupo T8, mas foi inferior ao controlo. O valor do índice aumentou à medida que o nível de concentração de proteínas e energia na dieta foi aumentado. Um nível elevado de energia e um nível elevado de proteínas na dieta mostraram uma melhor utilização da alimentação proporcional ao peso de crescimento.

ESTUDO DO BALANÇO

Percentagem de retenção de azoto: A percentagem média de retenção de azoto foi mais elevada no grupo T9, alimentado com uma dieta que continha 21 % de PC e 2800 kcal de EM/kg, e verificou-se que não havia diferenças significativas entre os grupos de tratamento T6, T7 e T8.

Percentagem de metabolizabilidade da energia: Verificou-se que a percentagem de metabolizabilidade da energia era mais elevada no grupo T8, mas não houve diferença significativa entre os grupos de tratamento T_5, T_6, T_8 e controlo.

Percentagem de retenção de cálcio e fósforo: Durante todo o período experimental (1 - 8th) semana, observou-se que o cálcio e o fósforo não foram significativamente diferentes do controlo e dos outros grupos de tratamento.

O estudo de equilíbrio mostrou que todas as diferenças são significativas, exceto a percentagem de retenção de cálcio e fósforo, o que indica o efeito da alimentação com diferentes níveis de energia e proteína na estirpe *Vanaraja* de frangos de carne.

CARACTERÍSTICA DA CARCAÇA

Percentagem de cobertura: A percentagem de cobertura foi numericamente mais elevada no grupo T8 alimentado com uma dieta com 21% CP 3000 kcal ME/kg, mas foi significativamente comparável ao grupo T6 alimentado com 19% CP 3000 kcal ME/kg e ao controlo. À medida que o nível de proteína e energia na dieta aumentava, a percentagem de cobertura também aumentava.

Percentagem de evisceração: A média da percentagem de eviscerados variando de 60,90 a 68,70 foi significativamente influenciada pelo concatenado de energia na dieta em cada nível de proteína, reflectindo uma maior percentagem de eviscerados.

Percentagem de miudezas: Na análise estatística, verificou-se que a percentagem de miúdos foi significativamente influenciada pelos diferentes níveis de energia e proteína na dieta. A percentagem de miudezas foi mais baixa no grupo T4 e é significativamente comparável à do grupo T5. A percentagem de miúdos do grupo T6, alimentado com 19 % de proteínas e 3000 kcal EM/kg, foi significativamente comparável à do controlo.

Baço e Bursa: O peso dos órgãos linfóides, ou seja, do baço e da bursa, não foi influenciado pela concentração de proteínas e energia da dieta. O peso da bursa e do baço do grupo T6 é significativamente comparável ao do controlo.

Gordura abdominal: A gordura abdominal média variou entre 3,97 e 1,28 e não houve diferença significativa entre os grupos T7, T8 e controlo, mas o grupo T6 apresentou uma gordura abdominal significativamente mais elevada do que os outros grupos de tratamento.

Intestino: O peso relativo do intestino foi significativamente maior (P<0,05) nas aves alimentadas com 21% de PB e foi comparável aos grupos T7 e T3.

Fígado: O peso relativo do fígado foi significativamente afetado com diferentes níveis de proteína e energia na dieta. O valor do grupo T6 foi significativamente comparável ao dos grupos T7, T8 e de controlo.

PARÂMETRO BIOQUÍMICO DO SANGUE

Hemoglobina: A dieta que continha mais proteínas e energia apresentou o valor numérico mais elevado de hemoglobina. Não houve diferença significativa entre os diferentes grupos de tratamento. Verificou-se que o nível de hemoglobina aumentou à medida que o nível de energia e proteína na dieta aumentou.

Volume de células compactadas: O grupo de controlo apresentou um valor de PCV numericamente mais elevado. Não existe uma diferença significativa entre o grupo de controlo e os grupos T6, T7 e T8. O grupo T1 apresentou um valor numericamente mais baixo e não houve diferença significativa entre os grupos de tratamento T2 e T3.

Glicose sérica: Não se verificou uma diferença significativa entre o grupo de controlo e o grupo T8, enquanto o grupo T6 apresentou um nível de glucose inferior ao do controlo.

Proteína total: Numericamente, a dieta com maior teor de energia proteica apresentou maior valor de proteína total, mas não houve diferença significativa na dieta com 19% de proteína.

Azoto ureico no sangue (BUN): Os dados mostraram que o BUN não foi muito influenciado pelo tratamento dietético. Com o aumento do nível de proteína na dieta, o nível de BUN no soro também aumentou. A dieta com 21% de PC mostrou um nível mais elevado de BUN no soro, mas significativamente não diferente da dieta com 19% de PC, mas superior à dieta com 17%.

SGOT: Verificou-se que o nível de SGOT era mais elevado no grupo T8 e mais baixo no grupo T3 . A análise estatística do efeito dos diferentes níveis de proteína e energia no SGOT revelou-se altamente significativa (P<0,05).

SGPT: Verificou-se que o nível de SGPT era mais elevado no grupo T8 e mais baixo no grupo T2. A análise estatística do tratamento dietético revelou-se significativa (P<0,05).

Colesterol total: A análise estatística do efeito da alimentação com diferentes níveis de proteína e energia no nível de colesterol total foi significativa (P<0,05). O colesterol total médio no soro foi mais elevado no grupo alimentado com níveis mais elevados de proteína e energia e mais baixo no grupo alimentado com rações com níveis mais baixos de proteína e energia. Verificou-se que a alimentação com diferentes níveis de energia e proteína afectou o nível de colesterol na *Vanaraja* dos frangos de carne.

Triglicéridos: A análise estatística do efeito da alimentação com diferentes níveis de proteína e energia foi considerada significativa. O grupo alimentado com o nível mais elevado de energia e proteína apresenta um nível mais elevado de triglicéridos, enquanto os outros grupos não apresentam diferenças significativas.

Lipoproteína de alta densidade (HDL): O efeito do tratamento no nível de HDL foi considerado altamente significativo (P<0,05). O nível médio de HDL foi mais elevado no grupo alimentado com uma dieta com maior teor de proteínas e energia, mas significativamente comparável ao grupo alimentado com menor teor de proteínas, ou seja, 19% de proteína bruta com uma dieta com teor de energia semelhante.

Lipoproteína de baixa densidade (LDL): Não houve diferença significativa entre o controlo e os outros grupos de tratamento. Mas, numericamente, o grupo alimentado com 19% de PC e 3000 kcal de energia apresentou um valor de LDL superior ao do controlo.

Lipoproteína de densidade muito baixa (VLDL): Não houve diferença significativa entre o grupo de controlo e os outros grupos de tratamento, mas o grupo alimentado com a energia proteica mais elevada apresentou um valor de VLDL mais elevado do que o grupo de controlo.

RESPOSTA IMUNITÁRIA

Foi examinada a resposta imunitária à vacina contra a doença de Ranikhet (estirpe F) devido à variação da energia proteica da dieta. Durante todo o período experimental, observou-se que o estado imunitário do grupo T6, alimentado com uma dieta com 19% de PC e 3000 kcal de EM/kg, era mais elevado, mas não foram encontradas diferenças significativas entre o grupo T8 e o grupo de controlo. As amostras de soro também foram submetidas ao teste de precipitação em gel de ágar (AGPT), uma banda de precipitina no gel inferiu sobre a conversão de anticorpos à vacina contra o IBDV.

ECONOMIA DA PRODUÇÃO

À medida que o nível de proteína e energia na dieta aumentava, o rácio do custo da experiência também aumentava. O custo da alimentação por kg de peso vivo foi máximo no grupo T6, que recebeu 19% de proteínas brutas e 3000 kcal de EM/kg de energia, e mínimo no grupo T1, que recebeu o nível mínimo, ou seja, 17% de proteínas brutas e 2600 kcal de EM/kg.

CONCLUSÕES:

(i) Rações contendo 19% e 21% de proteína bruta com 3000 kcal de EM/kg apresentaram maior ganho de peso em frangos de corte *Vanaraja*.

(ii) Verificou-se que a eficiência da utilização da ração era maior nos pintos alimentados com dietas com 19% e 21% de proteína bruta com 3000 kcal ME/kg de energia.

(iii) O valor do índice de desempenho aumentou com o aumento do nível de proteína e da concentração de energia da dieta. Uma dieta rica em energia e proteína mostrou uma melhor utilização da ração, proporcional ao ganho de peso dos pintos.

(iv) O estudo do equilíbrio dos nutrientes, da percentagem de retenção de azoto e da percentagem de metabolizabilidade da energia foi mais elevado no grupo alimentado com 21% de proteínas brutas, enquanto não se verificaram alterações significativas na percentagem de retenção de cálcio e fósforo nos diferentes grupos de tratamento e no controlo.

(v) O alto nível de concentração de proteína e energia na dieta influenciou os traços da carcaça em termos de percentagem de preparação, percentagem de evisceração, percentagem de miudezas e peso dos órgãos linfóides.

(vi) No caso da hemoglobina e do volume de células compactadas no sangue, não houve diferença significativa entre os grupos de controlo e de tratamento.

(vii) O perfil lipídico do soro sanguíneo, como o colesterol total, os triglicéridos, o HDL, o LDL e o VLDL, foi significativamente comparável ao dos grupos de controlo e de tratamento com dieta hiperenergética.

(viii) A resposta imunitária da estirpe *Vanaraja* de frangos de carne durante o período de 28 dias foi mais elevada no grupo alimentado com 19% de proteínas brutas e 3000 kcal EM/kg de energia e foi comparável ao grupo alimentado com 21% de proteínas brutas.

(ix) Assim, para obter um desempenho económico desejável, deve ser adoptada uma ração com 19% de proteína bruta e 3000 kcal de EM/kg de dieta para os frangos de carne *Vanaraja*.

RECOMENDAÇÕES

1. Considerando o desempenho geral dos pintos *Vanaraja* para atingir o peso de mercado desejável de forma económica, sugere-se ao produtor de aves uma ração contendo 19% de proteína bruta com 3000 kcal EM/kg.

2. A presente investigação também ajudará a reduzir a poluição ambiental, diminuindo o nível de azoto como material residual no ambiente através de suplementos proteicos de baixo nível.

BIBLIOGRAFIA

AOAC (1975) Official Method of Analysis, 12th edn. Association of official agriculture chemists, Washington DC.

Anónimo (1986) Indian Poultry Industry Year Book - 1986. Nova Deli, pp.32 - 52.

Ahmad.A, Chatterjee (2008) Studies on effect of different levels of dietary energy on the performance of vanaraja chicks. Indian veterinary Journal 85(3) 325 - 326.

Bamgbose, A.M. (1999) Utilização de farinha de meganha na dieta de galos. Indian Journal of Animal Sciences 69 (2):1056-1058.

Banarjee, G.C. (1995) A test book of animal Husbandry 7th Edn., Reprinted oxford and IBH publishing Co. Pvt. Ltd. Calcutá.

Bolton, W e Blair, R. (1977). Poultry Nutrition, Agriculture Research Council Poultry Research Center, Edinburgh, Bulletin 174.

Broodmhead. W. Willium (1967) The production and marketing of table fowls. The new Era publishing Co. Ltd. 12 e 14 Newton Street Holborn, Londres, WC.

Butala V.G. e Rajagopal S. (1991). Effects of graded levels of dietary tallow on serum cholesterol and protein in white leghorn cockerels. Indian. J. Ani. Nutr.8 (1) : 35 - 38.

Butala V.G; Rajagopal S. e Patil N. V. (1990). Effects of different levels of dietary tallow on the carcass characteristics and meat quality of white leghorn cockerel. Indian Vet. J. 67:631 -636.

Cantor, A.H. and Johnson, T.H, (1985) influence of protein sequence and selenium upon development of pullet. Poultry Science 64 : (Suppl : 1) 75

Combs, G. F. (1961) Pro. Univ. Nottingham, 8th Easter School in agriculture Butterworths, London (Citado por Sarkar , S.K. (1975). Protein nutrition in broiler production , Poultry Today 4:2:25-31).

Combs, G.F ; Bossard E. H. ; Childs G.R. and Blamberg, D.M. (1964) Effect of protein level and amino acid balance of voluntary intake of energy and carcass composition of chickens. Poultry Science 43 : 1309.

Combs, G. F; Romoser, G.L e Nicholson J. L. (1955). Maryland Agr. Exp. Sta . Misc. Bull. No. 257 (citado por Willingham, H. E., 1965, 25th Annual meeting of Nutr . Coun AFMA,ILLionis 11-15).

Dansky L. M. e Hill, F. W. (1952). The influence of dietary energy level on distribution of fat in various tissues of growing chicken . Poultry S c ienc e 31 : 912.

Dawson, L. E; Davidson; J. A. Frang; M. A. e Walters; s. (1957). Relação entre a pontuação do tipo de carne e a percentagem de carne comestível em frangos de carne miniatura Cornish-cross. Poultry Science.36: I : 15.

Donaldson, W. E.; Combs G . F. e Romoser; G. L. (1955). Body composition, energy intake feed efficiency, growth rate and feather condition of growing chicks as influenced by calorie protein ratio the ration, Poultry Science 34:1190.

Donaldson, W.E,; Combs, G.F e Romoser, G.L.(1956) Studies on energy levels in poutry rations. (I) os efeitos do rácio calorias/proteínas da ração no crescimento, utilização de nutrientes e composição corporal dos pintos. Poultry Science, 35:1100-1105.

Duncan D.P. (1995). Teste de intervalo múltiplo e teste F Biomatrics11:1- 42.

Elangovan A.V; Verma S.V.S e Gowda, S.K. (1996) Ability of white leghorn , aseel and kadaknath chicks to utilize dietary nutrients. XXth World 's Poultry Congress, Nova Deli, 2 a 5 de setembro de 1996.

Eruvbetine, D.; Oguntona, E. B. ; James, I. J. ; Osikoya, O. V. and Ayodela, S.O. (1996) Cassava(Minihot, esculenta) as an energy source in diet for cockerels (Minihot, esculenta) as an energy source in diet for cockerels Indian. Journal of Animal Science.11:99-101.

Essary, E. O; Dawson; L.E. ; Wisman, E.L. e Holmes; C. E (1965) . Influência de diferentes níveis de gordura e proteína em rações para frangos de corte no peso vivo, percentagem de molho e gravidade específica das carcaças. Poultry Sci.44:304-305.

Fan, Y. G. e Zhen , Y. S (1997) Study on the growth curve and maximum profit from layer type cockerel chicks, British Poultry Science 38:445:446.

Farrel, D. J; Cumming, R. B. e Hardaker , J. B. (1973). The effects of dietary energy concentrations on growth rate and conversion of energy to weight gain in broiler chickens. British Poultry Science 14:329.

Fisher, C. e Wilson B. J. (1974). In energy requirement of poultry (Morrish, T. R and Freeman, B. M. editors) Longman group Ltd. Edingburg(citado Vohra, P. wilson, W.O. Onesipes T.D (1975). Satisfação das necessidades energéticas das aves de capoeira. Proc. utr. soc. 34:1-13 -19.

Gheisari. A.A. and Gollion, A. (1996) Effect of dietary protein and energy levels of rearing period of pullets growth and subsequent performance of lranian native hence xxth. Congresso Mundial de Avicultura, Nova Deli, 2 a 5 de setembro de 1996.

Gooch, P.D.; Summers J. D. e Moran E. T.Jr., (1972). Effects of varying nutrient density of broiler performance using computer formulated rations. Indian Journal of Animal Science 49:132-136.

Khalifa H.Al e Nasser A.Al (2012) Estudos sobre o efeito de diferentes níveis no desempenho do frango Arabi. Jornal Internacional de Ciência Avícola, 11: 706 - 709.

Han, I.K.;(1970). Effect of level of dietary protein and energy on the growth rate and feed cost of chicks Res . Rep. of the off of Rural Dev., Korea 13: 49 Citado. Nutr. Abs. Rev. 1972, 42 :386.

Haque, N. e Agrawala O.P. (1975). Effect of different energy protein ration on egg type male chicks. Indian Journal Poultry Science 10:57-60.

Harms, R.H.; (1955) dados não publicados (citado Harms, R.H. Horhrchich H. J. e Meyer, B.H Poultry Science 36 : 420.

Harms, R.H.; Hochereich, H.J e Meyer, B.H (1957). The effect of feeding three levels of energy upon dressing percentage and cooking losses of energy upon dressing percentage and cooking losses of white rock broiler fryers. Poultry Science, 36 : 420.

Haskansson, J. (1978). Effect of feed energy level on growth and development of the digestive tract in chicks Relatório 44. Departamento de Nutrição Animal da Universidade Sueca de Ciências Agrárias de Uppsala.

Heady , E.O. (1961). Economia da produção de frangos de carne Conn Bull 321.

Hill, F.W. e Danskey; L.M. (1954). Studies on the energy requirement of chickens I. The effect of dietary energy level on growth and feed consumption. Poultry Sci. 33 : 112.

Hill, F.W.; Anderson, J.L. e Dansky, L.M. (1956). Studies on the energy requirement of chicken I. The effect of dietary energy level on growth and feed consumption. Poultry Science 35 : 112-119.

Hizikura, S e Morimoto, H. (1962). Protein and energy metabolism of starting chicks : protein andlevel of the ration on growth, feed efficiency, carcass composition and energy and nitrogen retention.

Bula . Nat, Inst. Agr. Sci.Japan, 21:125:144 citado

Nutr. Abs. Rev. 33:1:274, 1978.

Hussain A.S.; Cantor, A.H.; Pescatore, A.J. e Jhonson, T.H. (1996). Effect of dietary protein and energy levels on pullets development Poultry Science 75:973:978.

Holsheimer, J.P. e Veerkamp, C.H. (1992). Effects of dietry energy, protein and lysine content on performance and yield of two strains of male broiler chicks. poultry Science 71-872-879.

Indian Standards Institution (1968). Especificação para alimentos para aves de capoeira 1S:1374 ISI Nova Deli.

Janky. D.M.; Riley, P.K. e Harms R.H. (1976). O efeito do nível de energia da dieta na porcentagem de vestimenta de frangos de corte. Poultry Science 55:2388-2390.

Kiclanowski, J. (1972). Protein requirement of growing animal. Hand book of Animal Nutrition editado por Lenkit, W. e Brjerem, K.

Kothandaraman, P e Anarahari, D. (1982). Economics of broiler production (Economia da produção de frangos de carne). Poultry guide, 19(2):45-49.

Leonge, K.C; Sunde; M.L.; Bird, H.R. e Elvehjem, C.A. (1955). Effect of energy-protein ratio on growth rate, efficiency, feathering and fat deposition in chickens. Poultry Science 34:1206.

Leveille, G.A.; Romsos, D. R.; Yeh, Y.Y. e O'ea; E.K.1975.

Síntese de lípidos em pintos. Uma consideração do local de síntese, influência da dieta e possível mecanismo regulador. Poultry Science 54:1075-1093.

Lipstein, B.; Bornstein, S. e Bartov, (1975). The replacement of some of the soyabean meal by first limiting amino acids in practical broiler diets-3. Effect of protein concentration and amino acid supplementation in broiler finisher diet on fat deposition in the carcass. Brit. Sci.17:463.

Mahan, B; Panner Selvam, S. Balakrishanan D; e Shanmugam, T.R. (1990). Economics of cockerel production in NAMAKAL, Poultry Advisor Vol XXIII issue IX 27-31.

Mahapatra, C.M.; Pandey, N.K. e Verma, S.S. (1984). Effects of diet, strain and sex on the carcass yield and meat quality of broiler's. Indian Journal Poultry Science Vol. 19(4), : 236-240.

Malik, N.S.; Pal, K.K. e Bose, S.; (1996). Estudos sobre o rácio energia-proteína em aves de capoeira, Indian. Journal Poultry Science1, 1: 2432.

Mohammed A. Ahmed (2013) estuda o efeito da substituição do milho amarelo por sorgo no desempenho dos frangos de carne J. World Poult. Res. 3 (1):13-17.

Moran, E..T.Jr. (1971). Factores que afectam a qualidade da carcaça dos frangos de carne e a influência da nutrição, Feed stuffs, EUA. 43 : 50 :28.

Moran, E. T. Jr. (1980). Impact of reducing finishing feed energy-protein level on performance , carcass yield and grade of broiler chicken. Poultry Science, 59, 6:1304.

Morris, T.R.& Njuru, D.M. (1990). Protein requirement of fast and slow growing chicks, British Poultry Science, 31 (4): 803-810.

Nagra S.S e Sethi, A.P.S. (1993). Necessidades energéticas e proteicas de frangos de carne comerciais em clima quente e húmido. Indian Journal of Animal Sciences 63(7): 761-766.

N. Kalita, N. Barua, N. Pathak (2012). Estudos sobre o desempenho de aves Vanaraja criadas em sistema intensivo de gestão em Assam. Indian Journal of Poultry Science 47(1) 125-127.

N.Das, P.k. Dehuri (2007). Estudos sobre o desempenho de frangos de carne com vários níveis de proteína e energia na dieta no verão em condições quentes e húmidas - Indian Journal Poultry Science 42(2)-161-164

NRC, (1971). Nutrient requirement of domestic animal 1.

Necessidades nutricionais das aves de capoeira. Nat. Acad. Science. Nat. Res. Coun. Washington D.C.

O'Neil J.B.; Biely,J; Hodgson G.C.; Ailken J.R. e Robbles, A.R. (1962) Protein energy relationship in the diet of chicks. Poultry Science 41:739-745.

Okosum S.E.; (1987) studies on caloric and protein requirements of cockerels Ph.D. Thesis, University of Ibadan, Ibadan, Nigeria.

Panda. B.; (1972). Sugestão de problema de pesquisa futura na área de nutrição de aves. Poultry Advisor ; 3(9)

Pandey, R.R.; (1992). Efeito associativo das fontes de proteína vegetal na substituição da farinha de peixe para desenvolver uma ração económica para frangos de carne M.V.sc. Tese apresentada à Rajendra Agricultural University, Bihar.

Parthasarthy, P.B.(1996) Profitability problem and prospect of poultry production XXth World's Poultry Congress, New Delhi 2-5 Sept. 1956.

Pathak M.M e Natke, P. (1956). Effect of maize versus sorghum on efficiency of utilization of metabolizable energy in male egg type chicks XXth World's Poultry Congress New Delhi 2nd to 5th Sept. 1956.

Pejon G.; Visnjie, C.; Supic, B.; Rede, R. e Pribis, V. (1980).

Efeito do nível de energia da dieta e da idade de abate no ganho de peso de frangos de corte e na qualidade da carne Nutr. Abs.Rev.51:4548.

Pffaf, F.E. and, Austric, R.E. (1976) Influence of diet with development of the abdominal fat pad in the pullet:J.Nutr.106:443-448.

Prasad, A.; (1976). Effect of dietary protein and calorie protein ratio on dressing percentage and carcass composition of cross bred broiler chicks. Indian Poultry Gazette, 602:24-27.

Raina, J.S.; (1974). Studies on energy - protein requirements of broiler chicks, M.Sc. Thesis submitted to Haryana Agr.Univ., Hissar.

Raj, Gabriel, A., Sadagopan, V.R. and nutritive value of sunflower seed meal, Indian Poult. Gazette 61:4:130-134.

Rand, N.T., Scott, H.M. e Kummerow, F.A (1957). Utilization of fat by growing chicks (Utilização de gordura por pintos em crescimento). Poultry Science 36:1151.

Reddy, B.V. Siddiqui, S,M. e Reddy, C.V. (1972). An evaluation of protein requirement for starter chicks II. Requisitos de alguns aminoácidos críticos. Indian Journal of Poultry Science 6:13.

Reddy, C.V.R e Vaidya, S.V. (1973). Feed composition tables for poultry feeds. Indian Poultry. Rev.4:20:709.

Robberts, Milton, R.M. (1965) Growth retardation of day old chicken and physiological maturity . Ind.J.Anim.Nutrition 87-31.

Robbin, K.R. (1981) Effects on sex breed, dietary energy source and calorie protein ratio on performance and energy utilisation by broiler chicks, Poultry Sci.60:2306-2315.

Sadagopan, V.R. e Bose, S. (1971). Estudos sobre a determinação da relação energia-proteína metabilizável óptima da ração de aves de capoeira para o crescimento e a produção de ovos. Indian Vet.J.48:616-624.

Scott, H.M.; Sims , L.C. e Stanely, D.L.(1955). The effect of varying protein and energy on the performance of chicks (O efeito da variação da proteína e da energia no desempenho dos pintos). Poultry. Science 34 : 1220.

Scott, M.L.; Nesheim, M.C. e Young, R.J.(1976). Nutrition of the chicken. Ithaca, N.Y., Scott, M.L. and Associates Publisher.

Scott. H.M.; Matterson, U.D. e Singh, E.P. Sen (1947). Nutritional fator influencing growth and efficiency of feed utilization I. The effect of the source of carbohydrate Poultry Science. 26:154.

Sheriff, F. R.; Kothandaraman P; vedhanayagam, K, e Sethumadhavan,V. (1981). Effect of dietary energy and protein levels on performance and ready to cook yield of white leghorn, male chicks, Cheiron 10:6.

Sheriff, F.R.; Venkataramanujam, V. e P. Kothandaraman (1983). Effect dietary protein and energy levels and age on Tandoori chicken of quality. Indian Poultry Review :23-25.

Sibbald, I.R.; Slingers S.J. e Ahsten G.C. (1961). Factores que afectam o teor de energia metabolizável dos alimentos para aves de capoeira. Poultry Science 40:303- 308.

Sibbald, J.R.; Slinger S.J. e Ashton, G.C. (1962). Further studies on the influence of dietary calorie protein ration on the weight gains and feed efficiency of growing chicks. Poultry Science 41:626.

Singfh, Bhim; Sharma, V.P. e Dhiman, S.D. (1987). Economics of broiler Production (Economia da produção de frangos de corte). Poultry Guide, 24(2):41-45.

Snedecor, G.W e cochran, W.G (1967) Statistical method IOWA State University press IOWA.

Spring, J.L. e W.S. Wilkinson, 1957. The influence of dietary protein and energy level on body composition of broilers. Poultry Science 36:1159.

Sudhakar, J.; Ravindra Reddy, V.; Rao, P.V. e Reddy, D.N.

(1958) Studies on comparative economics of sexed broiler and cockerels fed different protein and energy levels. Indian. Journal of Poultry ScienceVol.23(2):153-158.

Summers, J.D.; Slinger, S.S.; Sibbald, I.R. e pepper, W.F. (1963). Influence of protein and energy on growth and protein utilization in the growing chicken J.Nutr.82:463.

Summers, J.D.; Slingers, S.J. e Ashton, G.S (1965). The effect of dietary energy and protein on carcass composition with anote on a method for estimating carcass composition. Poultry Science 44 : 501 - 509.

Sunaria, K.R., (1977) restricted feeding in poultry - effect on growth, efficiency of feed conversion, body composition and economics of production of broiler M.Sc., Thesis submitted to H.A.U., Hisar.

Sunde, M.L.(1956). A relationship between protein level and energy level in chick ration. Poultry Science. 35:350-354.

S.V Rama Rao (2005) Foi efectuado um estudo para avaliar o efeito da variação da concentração de energia na dieta sobre o desempenho da galinha *Vanaraja* durante a fase juvenil da vida. Indian Journal of poultry science. P-34-39.

Swain B.k et al (2007). Estudos sobre o efeito de diferentes fontes de proteínas vegetais no desempenho e na imunidade de frangos em crescimento vanaraja. Indian Journal of Poultry Science 40 (3) 313-315.

Talapatra, S.K; Ray, S.C. e Sen, K.C (1940). A análise dos constituintes minerais em materiais biológicos. Indian Journal Veterinary Science A:H.10:243.

Toyormizu, M.; Akiba, y. Matsumoto, T; Horiguchi, M. (1935). Superfícies de resposta da proteína corporal e ganho de energia em pintos em crescimento alimentados com dietas em toda a gama de composições de proteína, gordura e hidratos de carbono. J. Nutr.115(1):61-9.

Ulmek, B.R.; Jadhav. A.S. AND Patil, N.A. (1956) Growth performance of male chicks of layer strain on broiler ration for meat. XXth World's Poultry Congress New Delhi 2nd to 5th Sept. 1996.

ala, R.A.; Pandey, M.B. and Desai, M.C. (1996) use of corn steep liquor in the ration of chicks. Indian. J. Animal Nutrition, 13(1): 47-48.

erma, S.V.S. e Pal, K.K. (1971). A preliminary investigation on the energy protein ratio in growing white leghorn chicken (Pullets) Indian. Poultry

Gazeta, 55 : 125-128.

irk, R.S.; Lodhi, G.N. e Ichhponani, J.S (1976). Influence of climate conditions of protein and energy requirement of poultry protein requirement of broiler starter and finisher in winter-summer. Indian Journal Animal Science 4610: 540 - 545.

isman, E.L. e Beane, W.L. (1956). Protein and energy requirement of meat type chickens to fifteen weeks of age (Necessidades proteicas e energéticas de frangos de carne até às quinze semanas de idade). Poultry Science, 45: 305.

Printed by Books on Demand GmbH, Norderstedt / Germany